剪你所想

零基础制作剪映爆款短视频50课

构图君 > 编著

清華大學出版社
北 京

内容简介

如何想剪就剪，剪出抖音上的爆款视频？如何从零开始，步步精通剪映短视频制作？

本书从“技术+效果”这两条线编写，通过50个案例，帮助你更快、更好地使用剪映，剪辑出你想要的视频效果。

一条是知识技术线，详细介绍了剪映App的核心功能，包括视频剪辑、调色滤镜、动画转场、文字贴纸、音频剪辑等技术知识要点，助你从入门到精通剪映。

一条是热门效果线，精心挑选和解密了抖音上热门效果的制作方法，如卡点视频、炫酷特效、蒙版合成、热门爆款、分身视频、情景视频、动感相册、滑屏Vlog和电影特效等案例，助你快速成为视频制作高手。

随书赠送50个案例的教学视频、案例效果文件及素材文件，扫描书中二维码及封底“文泉云盘”二维码，即可手机在线观看学习并下载素材文件。

本书结构清晰、语言简洁，适合手机短视频拍摄与后期的爱好者，特别是想学习抖音、快手爆款短视频的后期剪辑人员，以及想深入、系统、全面学习剪映App的各行业人士。

图书在版编目（CIP）数据

剪你所想：零基础制作剪映爆款短视频：50课/构图君编著. —北京：清华大学出版社，2021.9

ISBN 978-7-302-58933-4

I. ①剪… II. ①构… III. ①视频编辑软件 IV. ①TN94

中国版本图书馆CIP数据核字（2021）第172317号

责任编辑：贾小红
封面设计：飞鸟互娱
版式设计：文森时代
责任校对：马军令
责任印制：杨　艳

出版发行：清华大学出版社
网　　址：http://www.tup.com.cn，http://www.wqbook.com
地　　址：北京清华大学学研大厦A座　　**邮　　编**：100084
社 总 机：010-62770175　　**邮　　购**：010-62786544
投稿与读者服务：010-62776969，c-service@tup.tsinghua.edu.cn
质 量 反 馈：010-62772015，zhiliang@tup.tsinghua.edu.cn
印 装 者：天津鑫丰华印务有限公司
经　　销：全国新华书店
开　　本：170mm×230mm　　**印　　张**：15.5　　**字　　数**：337千字
版　　次：2021年10月第1版　　**印　　次**：2021年10月第1次印刷
定　　价：79.80元

产品编号：092655-01

前言

根据抖音平台于2021年1月5日发布的《2020抖音数据报告》显示，截至2020年12月，抖音日活跃用户数突破6亿，日均视频搜索次数突破4亿。从这些数据可以看到，如今已经是一个“人人玩抖音”的短视频时代，而且用户的阅读习惯也从图文逐渐过渡到了短视频，80%的娱乐、记录生活或产品出售都将以短视频的方式呈现。

目前，市场上的手机短视频书籍已经非常多了，本书主要以抖音官方出品的剪映App为主要操作软件，同时从几百个抖音热门视频中精选出50个爆款案例，精心策划和编写了本书，希望能够真正帮助读者提升自己的视频剪辑技能。

本书共分14章，每章内容大致如下。

1 视频剪辑：剪映的操作界面非常简洁，但功能却不少，几乎能帮我们完成短视频的所有剪辑需求，本章主要讲解快速入门剪映App的5种基础操作。

2 调色滤镜：短视频的色调也是影响短视频观感的一个重要因素，本章主要介绍了5种热门色调，帮助读者调出完美的视觉效果，让短视频看起来更加高级。

3 动画转场：本章主要介绍了5种转场案例，让读者在实战中学习技巧，让视频过渡得更自然、更有特色。

4 文字贴纸：有特色的文字贴纸能让人眼前一亮，本章介绍了5种文字贴纸案例，从而帮助读者制作更多有特色的字幕效果。

5 音频剪辑：剪映App提供了多种添加音乐或语音的方式，本章详细介绍了如何制作动感音效，另外还有制作卡点短视频的方法。

6 卡点视频：本章的卡点案例非常丰富，各种类型的卡点效果应有尽有，可帮助读者制作吸引人的卡点短视频。

7 炫酷特效：剪映App中的特效不仅漂亮，类型也很多样化，本章讲解了5种最火爆的案例，全都是从大量爆款短视频中精挑细选出来的。

8 蒙版合成：本章主要以制作蒙版合成短视频为主，学会这5种案例，能让你掌握最核心的蒙版技巧，并举一反三，从而轻松制作各种与蒙版有关的短视频。

9 热门爆款：本章是从抖音热门爆款视频中精挑细选出的5个案例，学会这 5 个案例的制作方法，让你的短视频也能轻松上热门。

10 《为悲伤的自己打伞》：该案例是一个分身视频，是通过蒙版合成技巧制作出来的，制作过程不是特别复杂，只要拍出合适的视频即可，但效果非常具有观赏性。

11 《一个人去电影院》：该情景视频是以电影院为主要场景拍摄制作出来的，要点在于对各种转场、文字和音乐的后期添加，通过丰富的后期来加工视频，从而丰富视频的内容和形式，当然操作技巧也不是很难，读者能够轻松掌握。

12 《记录最美的你》：该案例是一款动感相册视频，原素材都是静止的照片，通过在剪映 App 中添加各种转场、动画、特效后，变成一个动感的视频，非常酷炫，且素材都能轻松获取到，简单易学。

13 《我的健身总结》：这款滑屏 Vlog 短视频制作过程比较烦琐，有很多要修改比例和导出再导入的操作，因此制作时要精确把握每一步的要点，才能做出不错的滑屏效果。

14 《城市碟中谍》：该案例视频的灵感来源于电影，有很多重要的操作步骤，算是一款比较复杂和综合性很强的案例，当然制作成功之后的效果非常高级，是具有大片感、科技感的一款短视频。

本书最大的特色与亮点如下。

1 50 个核心干货，轻松掌握精华功能！本书没有枯燥的理论，是纯实战教学，手把手教你掌握剪映的 50 个核心干货，帮助剪映短视频用户快速掌握基本剪辑功能和后期技巧。

2 50 个热门案例，获取抖音爆款风向！本书具体内容包括视频剪辑、调色滤镜、动画转场、文字贴纸、音频剪辑、卡点视频以及电影特效等 50 个案例，从这 50 个爆款案例中实战教学，从而帮助读者制作出抖音热门短视频！

3 50 个教学视频，扫码即可跟学跟做！本书的 50 个案例都配有具体、详细的操作步骤，方便读者深层次地理解书中内容并执行操作，而且每一个案例都配有二维码，方便查看后期制作的全部过程。

前 言

特别提示：本书在编写时，是基于当前剪映 App 截取的实际操作图片，但本书从编辑到出版需要一段时间，在这段时间里，软件界面与功能可能会有调整与变化，例如有些功能被删除了，或者增加了一些新功能等，这些都是软件开发商做的软件更新。若图书出版后相关软件有更新，请以更新后的实际情况为准，根据书中的提示，举一反三进行操作即可。

本书由构图君编著，提供视频素材和拍摄帮助的人员还有邓陆英、向小红、唐及科得、燕羽、苏苏、杨婷婷、巧慧、徐必文、黄建波以及王甜康等，在此表示感谢。由于作者知识水平有限，书中难免有疏漏之处，恳请广大读者批评、指正，读者可扫描封底文泉云盘二维码获取作者联系方式，与我们交流、沟通。

编　者

2021 年 9 月

目录

第 1 章 剪映入门——视频剪辑 001

第 1 课 快速上手——剪辑，留下你想要的片段 002
第 2 课 基本操作——复制和替换，更换视频内容 005
第 3 课 比例调整——横版视频轻松变成竖版视频 010
第 4 课 曲线变速——让画面随音乐旋律起舞 015
第 5 课 专属头像——制作专属于你的片尾风格 020

第 2 章 色彩艺术——调色滤镜 024

第 6 课 清新夏日——清透的日系漫画风 025
第 7 课 磨砂色调——油画般的日落景象 032
第 8 课 黑金色调——电影中的城市夜景 038
第 9 课 怀旧色调——怀旧风中的人与物 044
第 10 课 色彩对比——颜色不一样的大海 048

第 3 章 视频过渡——动画转场 053

第 11 课 动画转场——一场水墨风的邂逅 054
第 12 课 变速转场——曲线变速就能无缝 059
第 13 课 翻页转场——翻书本似的切画面 063
第 14 课 文字转场——从文字中切换出视频 071
第 15 课 抠图转场——各种建筑物分离术 077

第 4 章 字幕效果——文字贴纸 083

第 16 课 文字动画——轻松变出卡拉 OK 歌词 084
第 17 课 文字烟雾——文字随风消散，如此唯美 087
第 18 课 片头字幕——震撼大片才有的开幕特效 092
第 19 课 识别歌词——让你的音乐视频自带字幕 095
第 20 课 花字贴纸——挥挥手就能召唤彩虹 099

第 5 章 动感音效——音频剪辑 103

第 21 课 添加音频——音乐和音效，想加就加 104

第22课 裁剪音频——让视频更加“声”动 107
第23课 变声效果——让你的声音换个样子 110
第24课 提取音乐——轻松获取其他背景音乐 112
第25课 自动踩点——跟着音乐节点一起抖动 115

第6章 节奏大师——卡点视频 118

第26课 灯光卡点——随着卡点切换灯光形状 119
第27课 抖动卡点——跟着音乐，抖动起来 122
第28课 渐变卡点——几秒就能黑白变彩色 125
第29课 滤镜卡点——给古风建筑“换衣服” 128
第30课 立体卡点——旋转的立体方块停不下来 131

第7章 视觉盛宴——炫酷特效 134

第31课 多屏特效——将屏幕一分为三 135
第32课 金粉开幕——“她的眼睛会唱歌” 137
第33课 心河特效——打几个响指，出一条“河” 140
第34课 人物封面——小说中才有的封面效果 143
第35课 爱心特效——你手里的爱心会爆炸 146

第8章 创意大片——蒙版合成 148

第36课 偷走影子——花影，被谁偷走了？ 149
第37课 超级月亮——为城市变出一轮大月亮 153
第38课 脑海回忆——天天想着，吃的快来 156
第39课 微信发圈——能动的朋友圈九宫格 159
第40课 浪漫表白——大家都喜欢的爱心蒙版 162

第9章 视频达人——热门爆款 165

第41课 季节变换——春天一秒变冬天 166
第42课 瞬间大头——分身头变大，逗你笑 169
第43课 情绪短片——你的夜景街头下雪了 173

目录

第 44 课　家乡风貌——农村老家中的情怀　176
第 45 课　玄幻消失——神了！撞墙秒消失　178

第 10 章　（第 46 课）分身视频——《为悲伤的自己打伞》　180
第 11 章　（第 47 课）情景视频——《一个人去电影院》　192
第 12 章　（第 48 课）动感相册——《记录最美的你》　204
第 13 章　（第 49 课）滑屏 Vlog——《我的健身总结》　215
第 14 章　（第 50 课）电影特效——《城市碟中谍》　224

第 1 章

剪映入门——视频剪辑

本章要点

本章是剪映 App 的入门内容，主要涉及视频素材的导入、剪辑、复制和替换、把横版视频变成竖版视频、对视频进行曲线变速处理，以及制作有专属头像风格的片尾等内容，学会这些操作，稳固好基础，在之后的视频处理过程中将更加得心应手，快速打开剪映之路的大门。

第 1 课 | 快速上手

剪辑，留下你想要的片段

【效果展示】 在剪映 App 中导入视频素材之后，就能对其进行剪辑和加工了，剪辑视频的效果如图 1-1 所示。

扫码看案例效果

扫码看教学视频

图 1-1 剪辑视频的效果展示

下面介绍在剪映 App 中剪辑短视频的具体操作方法。

步骤 1 在剪映 App 主界面中点击“开始创作”按钮，如图 1-2 所示。

步骤 2 进入“照片视频”界面，❶选择需要剪辑的视频素材；❷选中“高清画质”单选按钮；❸点击“添加”按钮，如图 1-3 所示。

图 1-2 点击“开始创作”按钮

图 1-3 添加视频素材

图 1-4 预览视频效果

步骤 3 执行操作后，即可将视频素材导入剪映中，预览视频效果，如图 1-4 所示。

步骤 4 ❶拖曳时间轴至相应位置处；❷点击“剪辑”按钮，如图 1-5 所示。

步骤 5 ❶点击“分割”按钮；❷对第一段不要的视频进行删除处理，即可完成剪辑操作，如图 1-6 所示。

图 1-5 点击“剪辑”按钮

图 1-6 完成剪辑操作

步骤 6 点击右上角的“导出”按钮，导出并播放视频，可以看到被剪辑处理后的视频时长变短了，效果如图 1-7 所示。

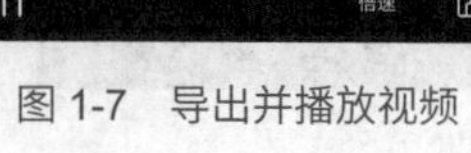

图 1-7 导出并播放视频

第 2 课 ｜ 基本操作

复制和替换，更换视频内容

【效果展示】 复制和替换视频素材是新手用户必学的基本操作，掌握这个技巧就能更换视频内容，效果如图 1-8 所示。

扫码看案例效果

扫码看教学视频

图 1-8　复制并替换视频素材效果展示

下面介绍在剪映 App 中复制并替换视频素材的具体操作方法。

步骤 1 在剪映 App 中导入并打开一段视频素材，如图 1-9 所示。

步骤 2 拖曳时间轴至相应位置处，点击“分割”按钮，剪辑出需要替换的视频片段，如图 1-10 所示。

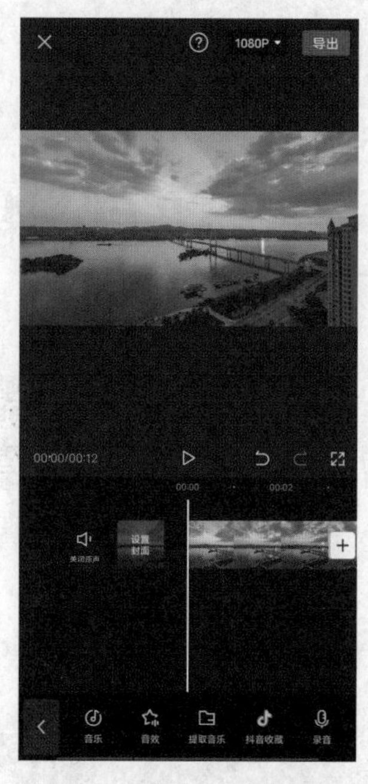

图 1-9 导入并打开一段视频素材

图 1-10 剪辑视频片段

图 1-11 点击“复制”按钮

图 1-12 点击“替换”按钮

步骤 3 点击“复制”按钮，复制需要替换的视频，如图 1-11 所示。

步骤 4 点击“替换”按钮，对复制出来的多余视频进行替换处理，如图 1-12 所示。

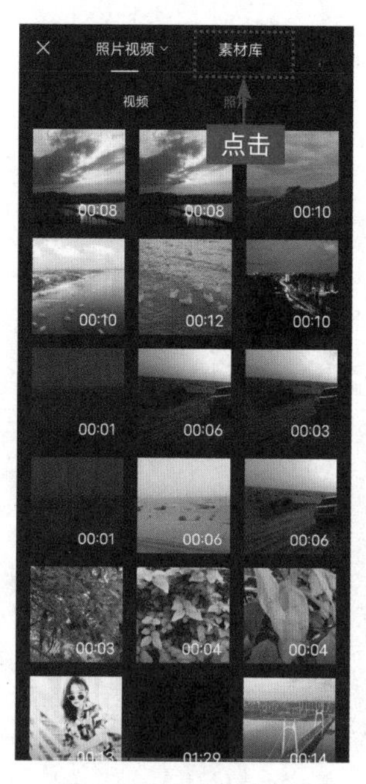

图 1-13　点击相应标签

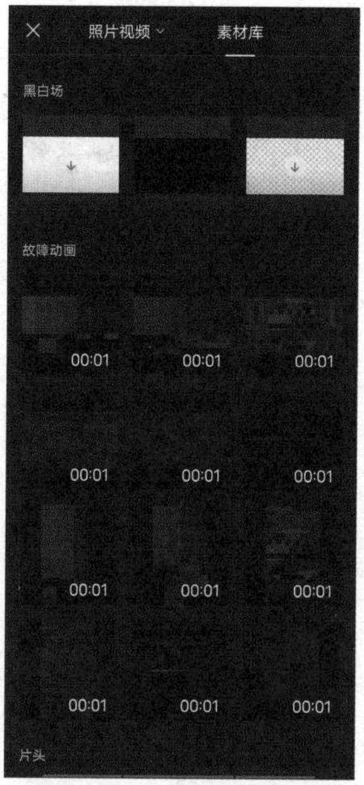

图 1-14　切换至“素材库”选项卡

步骤 5　进入“照片视频”界面，点击“素材库”标签，如图 1-13 所示。

步骤 6　执行操作后，即可切换至“素材库”选项卡，如图 1-14 所示。

步骤 7　在“烟花氛围”选项区中选择合适的动画素材，如图 1-15 所示。

步骤 8　执行操作后，即可预览动画素材的效果，如图 1-16 所示。

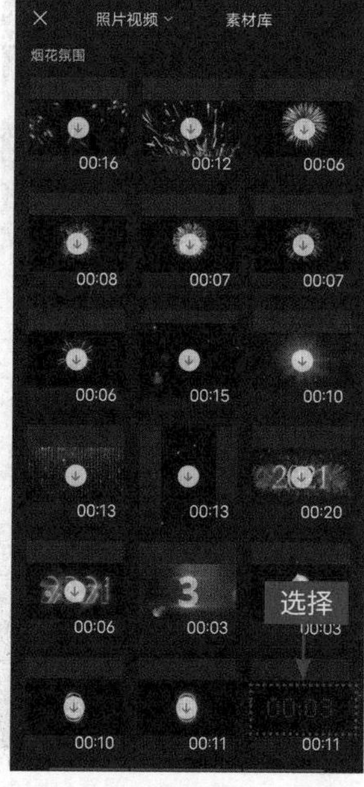

图 1-15　选择合适的动画素材

图 1-16　预览动画素材的效果

图 1-17 选取素材片段范围

图 1-18 替换所选的素材

步骤 9 拖曳轨道，确认选取的范围，如图 1-17 所示。

步骤 10 点击“确认”按钮，即可替换素材，最后添加合适的背景音乐，如图 1-18 所示。

步骤 11 点击右上角的“导出”按钮，导出并播放视频，可以看到中间插入的倒计时素材让结尾灯光亮起时的效果具有期待和惊喜感了，效果如图 1-19 所示。

图 1-19 导出并播放视频

图 1-19　导出并播放视频（续）

第 3 课 ｜ 比例调整

横版视频轻松变成竖版视频

【效果展示】 通过切换比例可以将横版视频变成竖版视频，竖版视频也是抖音等短视频 App 中常见的视频格式，效果如图 1-20 所示。

图 1-20　比例调整效果展示

下面介绍在剪映 App 中把横版视频变成竖版视频的具体操作方法。

步骤 1 在剪映 App 中导入一段视频素材，如图 1-21 所示。

步骤 2 点击“比例”按钮，如图 1-22 所示。

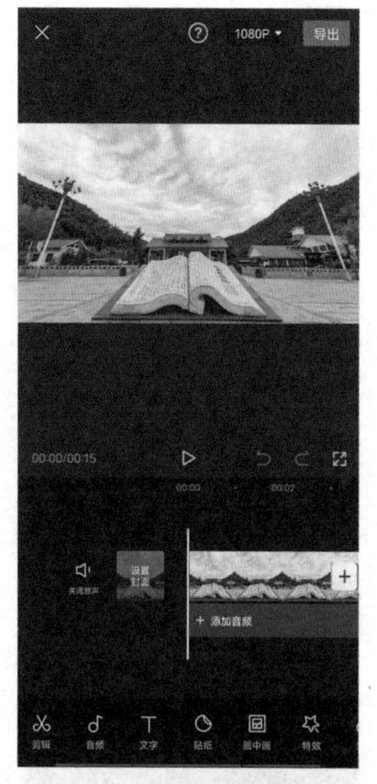

图 1-21 导入需要编辑的视频

图 1-22 点击“比例”按钮

图 1-23 选择 9 ∶ 16 选项

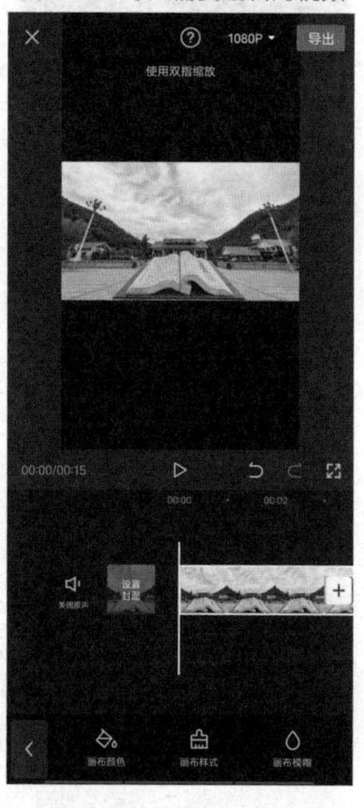

图 1-24 弹出相应菜单

步骤 3 在弹出的面板中，选择 9 ∶ 16 选项，如图 1-23 所示。

步骤 4 点击 按钮返回上一级，点击“背景”按钮，弹出相应菜单，如图 1-24 所示。

步骤 5 ❶在面板中依次预览 3 个背景界面样式；❷最终选择“画布模糊”界面中的第二个样式；❸点击✓按钮确认操作，如图 1-25 所示。

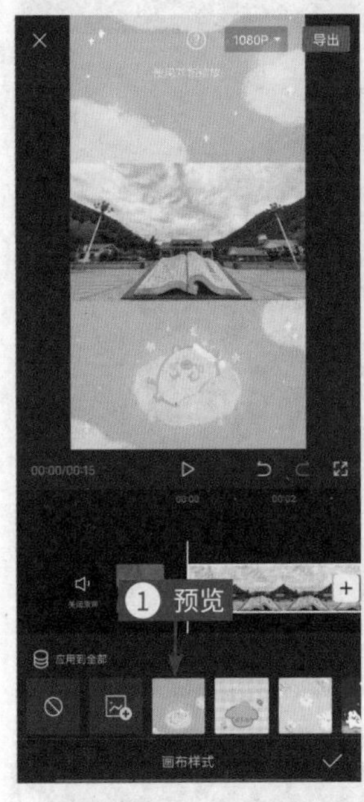

图 1-25 选择“画布模糊”背景样式

步骤 6 点击“文字”按钮，如图 1-26 所示。

步骤 7 在弹出的面板中，点击“新建文本”按钮，如图 1-27 所示。

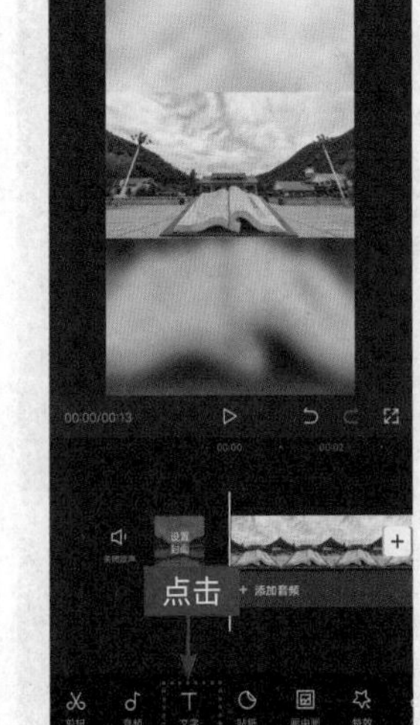

图 1-26 点击“文字”按钮

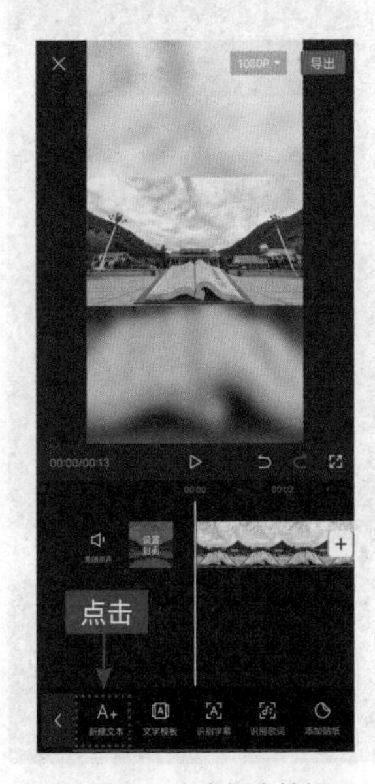

图 1-27 点击相应按钮

步骤 8 ❶输入相应的文字；❷点击“花字”按钮；❸选择“花字”样式，如图 1-28 所示。

步骤 9 ❶点击“动画”按钮；❷选择“弹入”动画；❸设置动画时长为 3.0s，如图 1-29 所示。

图 1-28　输入文字并选择花字样式

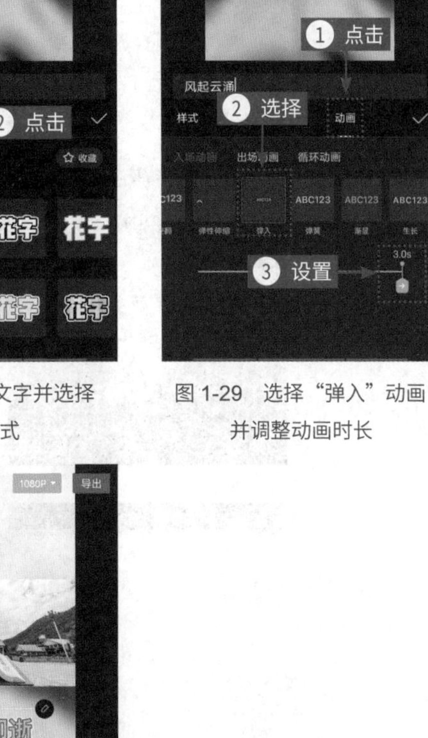

图 1-29　选择“弹入”动画并调整动画时长

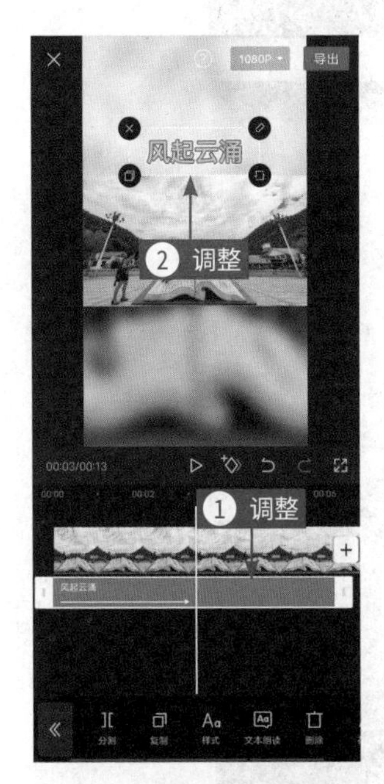

图 1-30　调整文字时长和位置

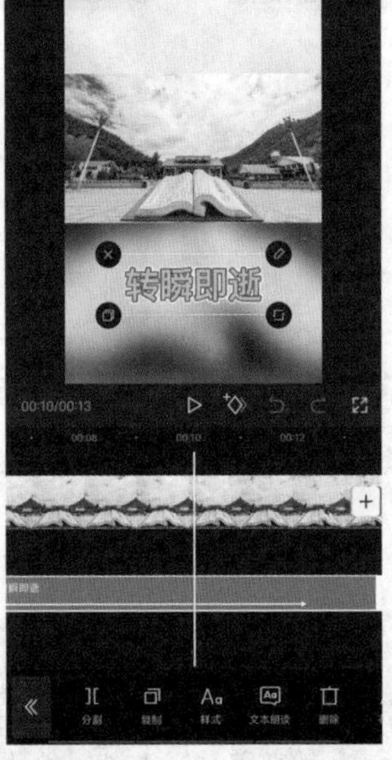

图 1-31　输入第二段文字并调整位置

步骤 10 ❶调整文字轨道的持续时长，约占视频长度的一半；❷调整文字的位置，如图 1-30 所示。

步骤 11 用与上面同样的方法，输入并调整第二段文字的内容和位置，如图 1-31 所示。

步骤 12 点击右上角的“导出”按钮，导出并播放视频，可以看到原视频尺寸由横屏变成了竖屏，效果如图 1-32 所示。

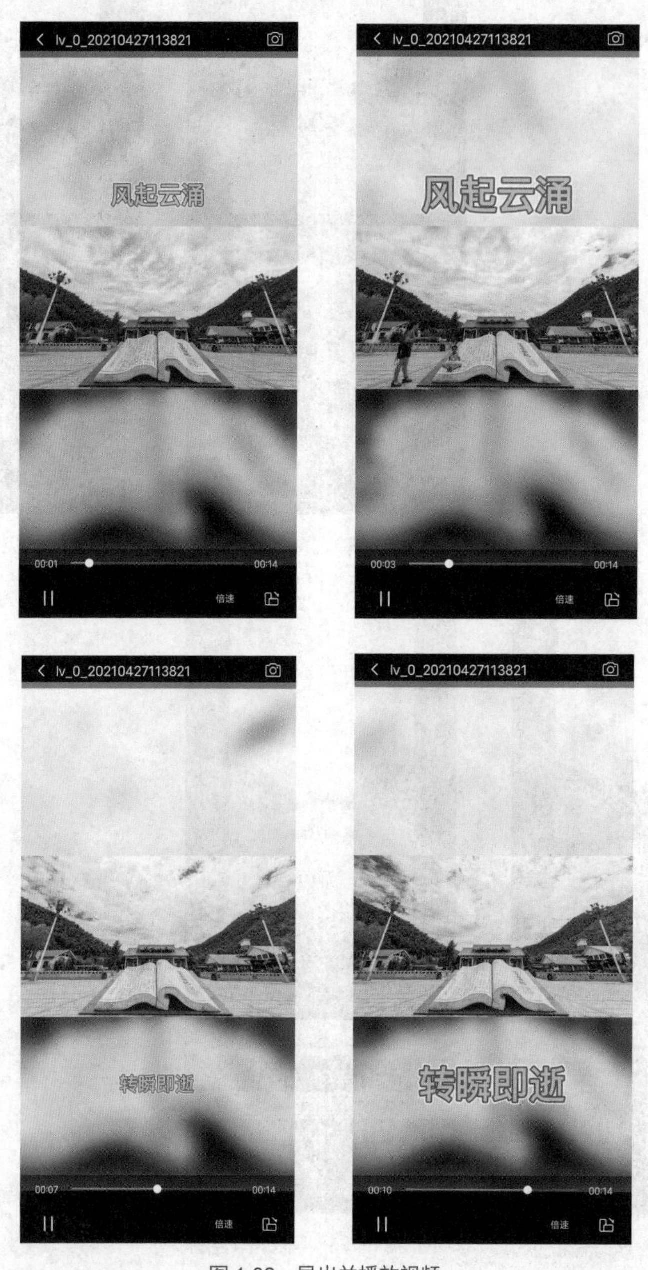

图 1-32 导出并播放视频

第 4 课 | 曲线变速

让画面随音乐旋律起舞

【效果展示】根据音乐旋律可以对视频进行曲线变速处理，从而达到卡点的视频效果，让画面跟着音乐旋律切换播放素材，如图 1-33 所示。

扫码看案例效果

扫码看教学视频

图 1-33　曲线变速效果展示

下面介绍在剪映 App 中进行曲线变速的具体操作方法。

步骤 1 在剪映 App 中导入两段视频素材，并添加合适的背景音乐，如图 1-34 所示。

步骤 2 ❶选择第二段视频；❷点击“变速”按钮，如图 1-35 所示。

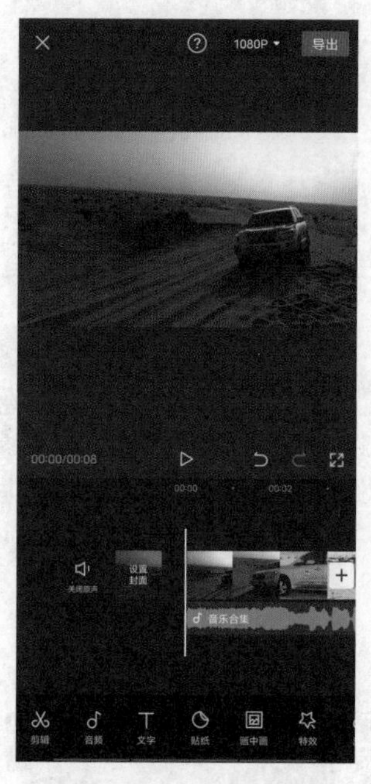

图 1-34 添加背景音乐

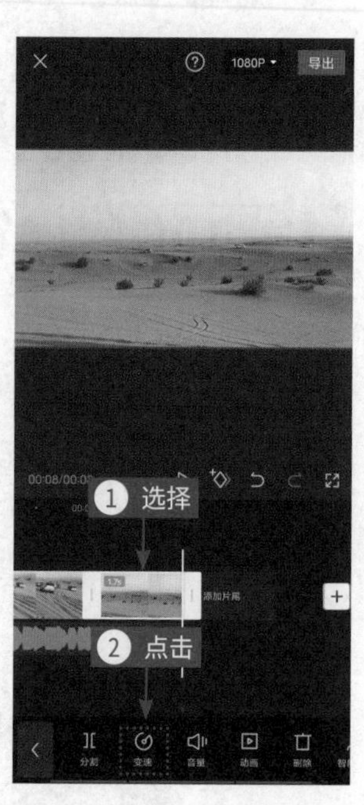

图 1-35 点击“变速”按钮

图 1-36 显示变速操作菜单

图 1-37 拖曳圆环滑块

步骤 3 可以看到有常规变速和曲线变速两种功能，如图 1-36 所示。

步骤 4 点击“常规变速”按钮，在弹出的面板中向左拖曳红色的圆环滑块至数值 0.9x，如图 1-37 所示。

步骤 5　选择第一段视频，点击“曲线变速”按钮，进入“曲线变速”界面，如图 1-38 所示。

步骤 6　在界面中选择“自定”选项，并点击“点击编辑”按钮，如图 1-39 所示。

图 1-38　进入“曲线变速”界面

图 1-39　点击相应按钮

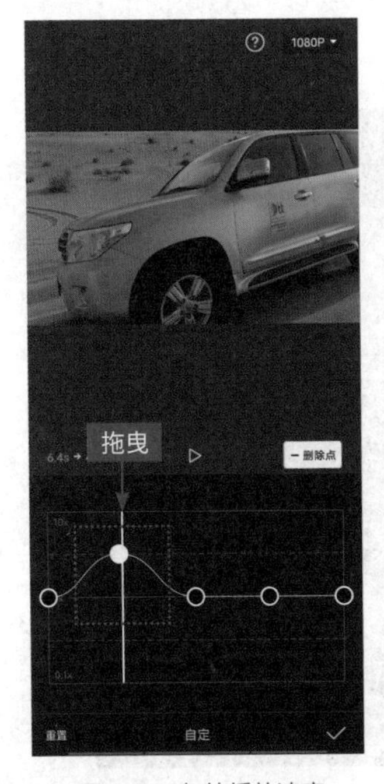

图 1-40　加快播放速度

图 1-41　放慢播放速度

步骤 7　进入“自定”编辑界面，系统会自动添加一些变速点，拖曳时间轴至变速点上，向上拖曳变速点，即可加快播放速度，如图 1-40 所示。

步骤 8　向下拖曳变速点，即可放慢播放速度，如图 1-41 所示。

步骤 9 点击[+添加点]按钮，即可添加一个新的变速点，如图 1-42 所示。

步骤 10 点击[-删除点]按钮，即可删除所选的变速点，如图 1-43 所示。

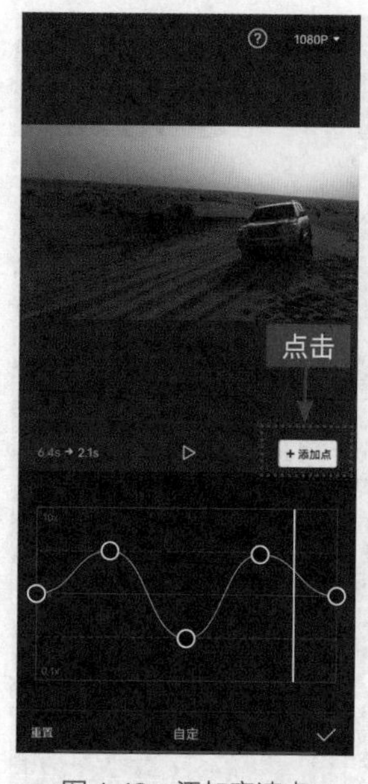

图 1-42 添加变速点

图 1-43 删除变速点

步骤 11 ❶完成曲线变速操作后，对多余的音频进行删除处理；❷点击两个视频素材连接处的转场按钮[I]；❸选择运镜转场中的“向左”转场效果，如图 1-44 所示。

图 1-44 剪辑音乐后添加转场效果

步骤 12 点击右上角的“导出”按钮，导出并播放视频，可以看到播放速度随着背景音乐的变化时快时慢，效果如图 1-45 所示。

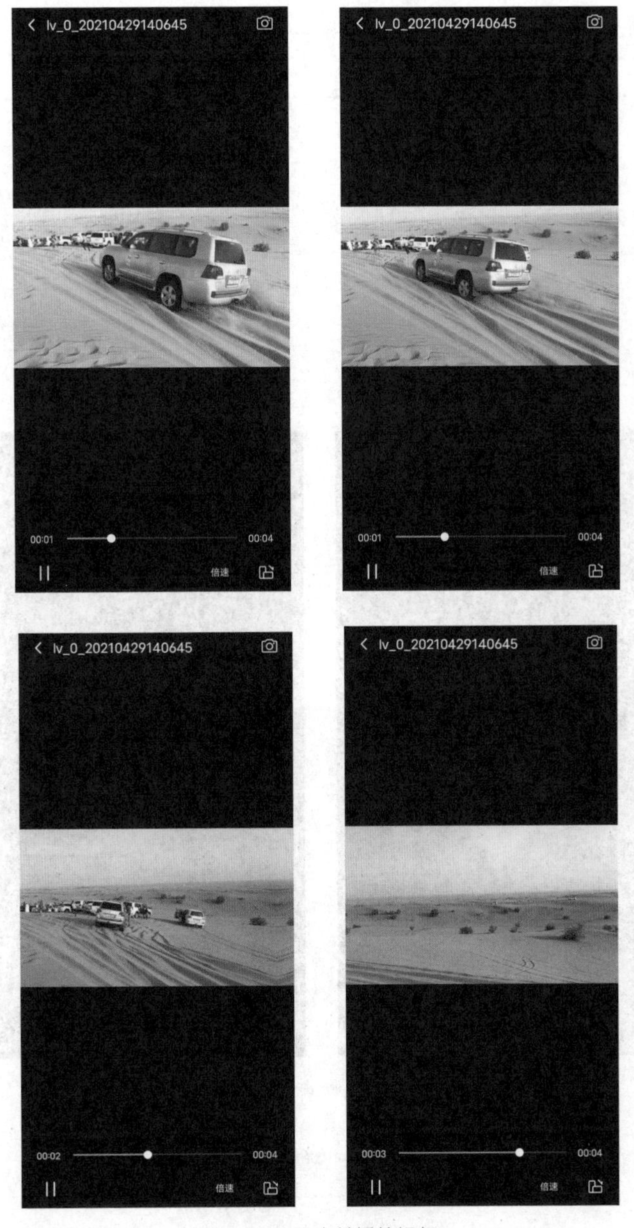

图 1-45　导出并播放视频

第 5 课 | 专属头像

制作专属于你的片尾风格

【效果展示】 制作专属头像片尾视频，可以统一用户的视频风格，从而提高流量和关注度，效果如图 1-46 所示。

扫码看案例效果

扫码看教学视频

图 1-46 专属头像效果展示

下面介绍在剪映 App 中制作片尾头像视频的具体操作方法。

步骤 1　在剪映 App 中导入一段白底视频素材，点击“比例”按钮，选择9 ：16选项, 如图1-47所示。

步骤 2　点击 < 按钮返回主界面，依次点击“画中画”按钮和“新增画中画”按钮，如图 1-48 所示。

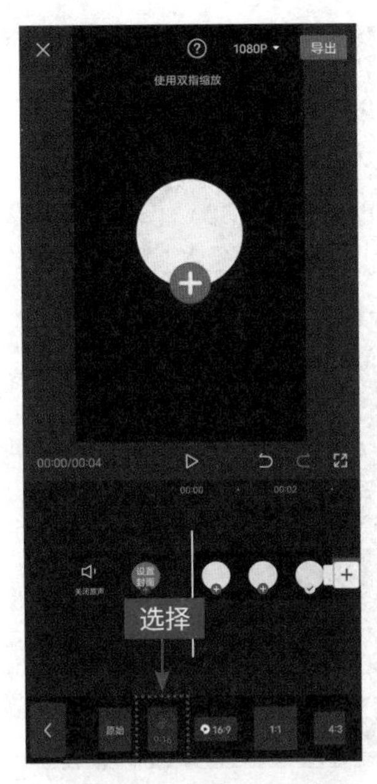

图 1-47　选择 9 ： 16 选项

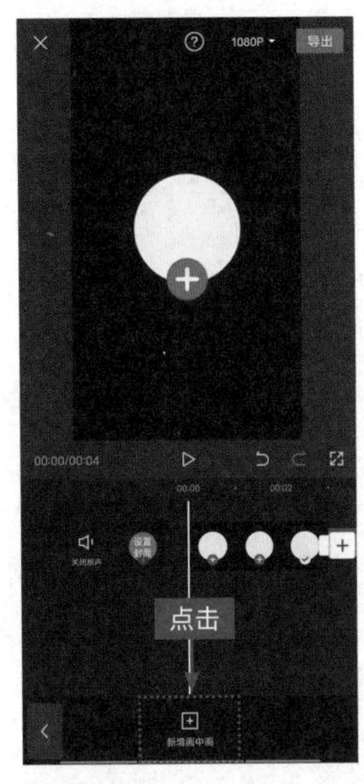

图 1-48　点击“新增画中画”按钮

图 1-49　添加照片素材

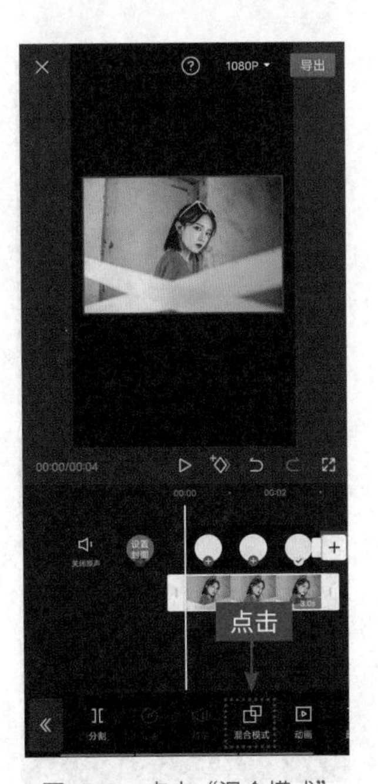

图 1-50　点击“混合模式”按钮

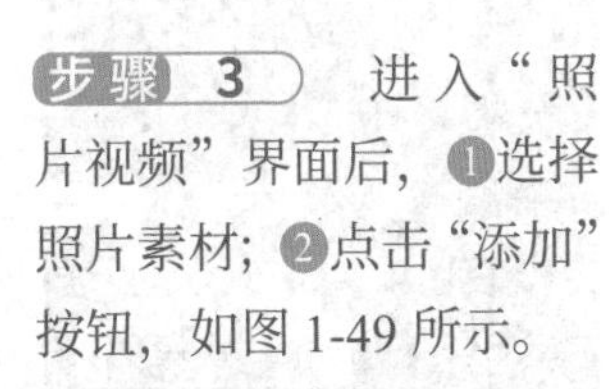

步骤 3　进入“照片视频”界面后，❶选择照片素材；❷点击“添加”按钮，如图 1-49 所示。

步骤 4　执行操作后，点击“混合模式”按钮，如图 1-50 所示。

步骤 5 在弹出的面板中选择“变暗”选项，如图 1-51 所示。

步骤 6 回到画中画界面，点击“新增画中画”按钮，如图 1-52 所示。

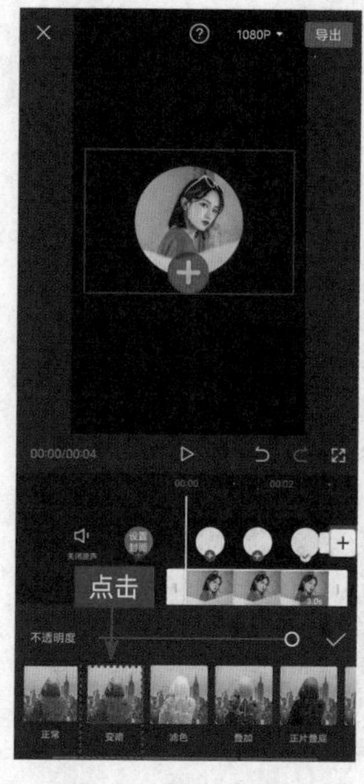

图 1-51　选择“变暗”选项

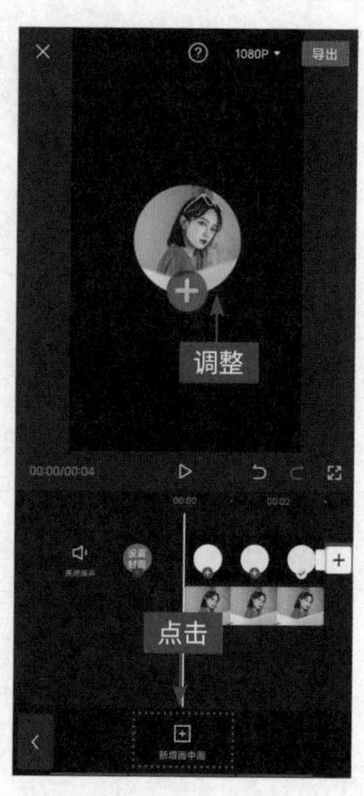

图 1-52　点击“新增画中画”按钮

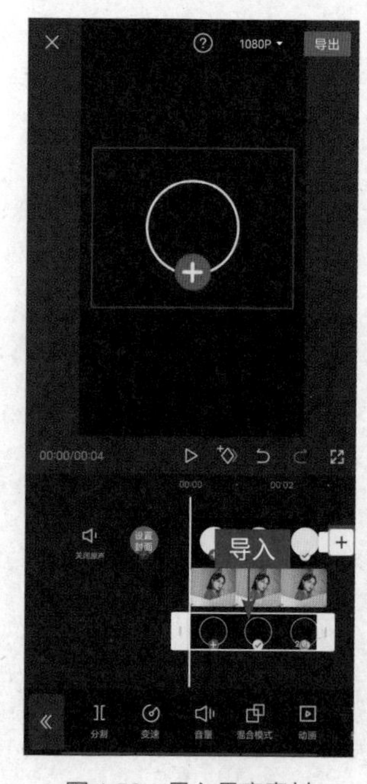

图 1-53　导入黑底素材

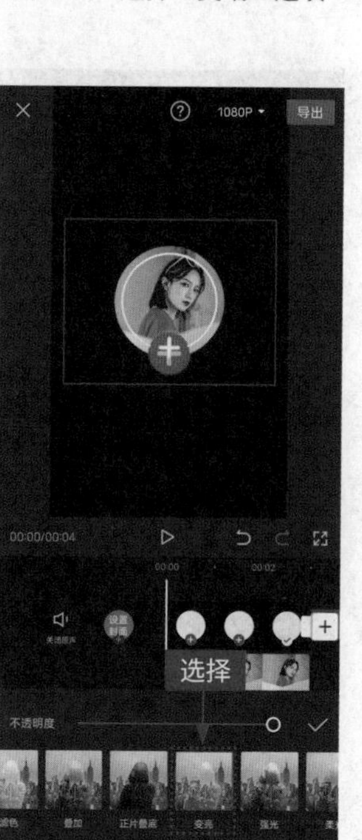

图 1-54　选择“变亮”选项

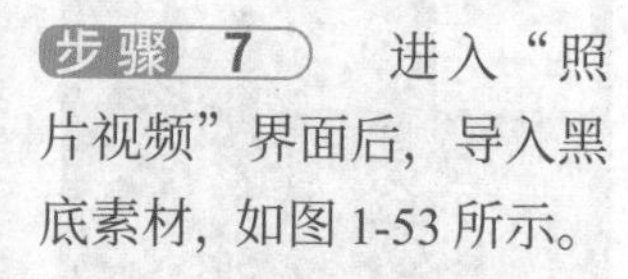

步骤 7 进入“照片视频”界面后，导入黑底素材，如图 1-53 所示。

步骤 8 点击“混合模式”按钮，在弹出的面板中选择“变亮”选项，如图 1-54 所示，最后调整素材的位置和大小。

步骤 9　点击右上角的“导出”按钮，导出并播放视频，可以看到制作的专属头像片尾视频非常有个性，而且可以将其添加到其他视频作为片尾，效果如图 1-55 所示。

图 1-55　导出并播放视频

第 2 章

色彩艺术——调色滤镜

本章要点

很多读者还不知道如何在剪映中为视频添加滤镜，不清楚怎么调出一些实用的色调。针对这类问题，本章将介绍添加滤镜的方法，详细讲解如何调出清新夏日般的日系漫画风色调、日落下的磨砂色调、城市夜景中的黑金电影风色调、人物怀旧色调以及颜色对比色调，帮助读者在后期视频调色过程中更加得心应手。

第 6 课 | 清新夏日

清透的日系漫画风

【效果展示】 日系漫画风滤镜给人一种清新夏日感，这种色调的特点是色彩鲜艳、自然通透，是许多风光视频都适用的色彩风格，效果如图 2-1 所示。

扫码看案例效果

扫码看教学视频

图 2-1 清新夏日效果展示

下面介绍在剪映 App 中调出日系漫画风滤镜的具体操作方法。

步骤 1 在剪映 App 中导入一段视频素材，点击“滤镜”按钮，如图 2-2 所示。

步骤 2 进入“滤镜”界面，可以看到里面有多种滤镜类型，如图 2-3 所示。

图 2-2 点击“滤镜”按钮

图 2-3 进入“滤镜”界面

图 2-4 选择“鲜亮”滤镜

图 2-5 调整持续时间

步骤 3 在“清新”滤镜选项卡中选择“鲜亮”选项，如图 2-4 所示。

步骤 4 点击✓按钮返回，调整滤镜轨道的持续时长，使其与视频轨道的时长相同，如图 2-5 所示。

步骤 5　回到主界面，点击“调节”按钮，如图 2-6 所示。

步骤 6　进入“调节”界面，如图 2-7 所示。

图 2-6　点击“调节”按钮

图 2-7　进入“调节”界面

图 2-8 设置“亮度”参数

图 2-9　设置“对比度”参数

步骤 7　设置“亮度”参数为 20，提高画面亮度，如图 2-8 所示。

步骤 8　设置“对比度”参数为 15，增强画面对比度，如图 2-9 所示。

步骤 9　设置“饱和度”参数为 30，增强画面的色彩饱和度，如图 2-10 所示。

步骤 10　设置“锐化”参数为 20，使画面更清晰，如图 2-11 所示。

图 2-10　设置“饱和度”参数

图 2-11　设置“锐化”参数

图 2-12　设置“色温”参数

图 2-13　设置“色调”参数

步骤 11　设置“色温”参数为 10，将画面调成偏绿的色调，如图 2-12 所示。

步骤 12　设置“色调”参数为 50，微调画面的颜色，如图 2-13 所示。

步骤 13　点击✓按钮应用调节效果，时间线区域将生成一条调节轨道，如图 2-14 所示。

步骤 14　调整调节轨道的持续时长，使其与视频轨道的时长相同，如图 2-15 所示。

图 2-14　生成调节轨道

图 2-15　调节持续时间

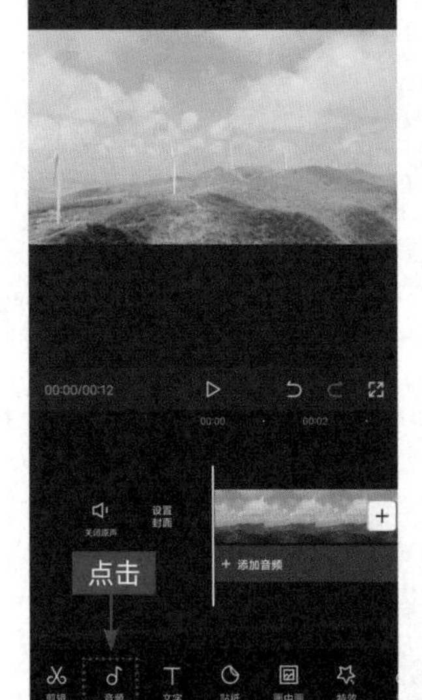

图 2-16　点击“音频”按钮

图 2-17　添加背景音乐

步骤 15　调整时间轴到视频的初始位置，点击“音频”按钮，如图 2-16 所示。

步骤 16　点击“音乐”按钮，添加合适的背景音乐，如图 2-17 所示。

步骤 17 点击“特效”按钮，如图 2-18 所示。

步骤 18 选择“基础”选项卡中的“开幕”特效，如图 2-19 所示。

图 2-18 点击“特效”按钮

图 2-19 选择“开幕”特效

图 2-20 调整特效的持续时间

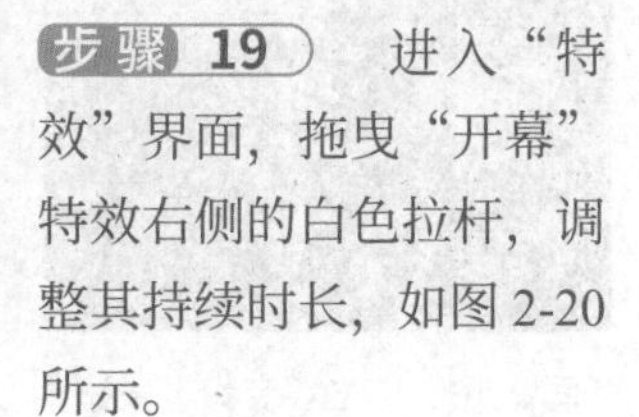

步骤 19 进入“特效”界面，拖曳“开幕”特效右侧的白色拉杆，调整其持续时长，如图 2-20 所示。

步骤 20　点击“导出”按钮，预览视频前后的对比效果，如图 2-21 所示。

图 2-21　预览视频前后的对比效果

第 7 课 | 磨砂色调

油画般的日落景象

【效果展示】 磨砂色调会增强画面的粗糙度和浮雕效果，很适合用在日落视频中，有油画的效果，如图 2-22 所示。

扫码看案例效果

扫码看教学视频

图 2-22 磨砂色调效果展示

下面介绍在剪映 App 中调出磨砂色调的具体操作方法。

步骤 1 在剪映 App 中导入一段视频素材，点击“调节”按钮，如图 2-23 所示。

步骤 2 进入“调节”界面，设置“亮度”参数为 -23，降低画面亮度，如图 2-24 所示。

图 2-23　点击“调节”按钮

图 2-24　设置“亮度”参数

图 2-25　设置“对比度”参数

图 2-26　设置“饱和度”参数

步骤 3 设置“对比度”参数为 21，增强画面颜色对比度，如图 2-25 所示。

步骤 4 设置“饱和度”参数为 24，提高画面色彩饱和度，如图 2-26 所示。

步骤 5 设置“锐化”参数为21，提高画面清晰度，如图2-27所示。

步骤 6 设置“高光”参数为22，增强画面中高光部分的亮度，如图2-28所示。

图2-27 设置“锐化”参数

图2-28 设置“高光”参数

步骤 7 设置“阴影”参数为21，让画面的阴影部分更明亮，如图2-29所示。

步骤 8 设置“色温”参数为19，增加画面的暖调效果，如图2-30所示。

步骤 9 设置“色调”参数为35，调节画面的色彩，如图2-31所示。

图2-29 设置“阴影”参数

图2-30 设置“色温”参数

图2-31 设置“色调”参数

步骤 10 点击 按钮后回到主界面，点击“变速”按钮，在弹出的面板中点击“常规变速”按钮，如图 2-32 所示。

步骤 11 ❶在弹出的面板中向左拖曳红色的圆环滑块至数值 0.3x 处；❷点击 按钮确认操作，如图 2-33 所示。

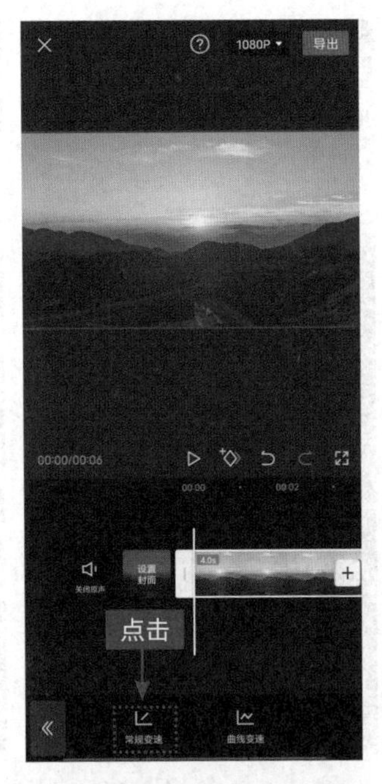

图 2-32　点击“常规变速”按钮

图 2-33　拖曳滑块至数值 0.3x

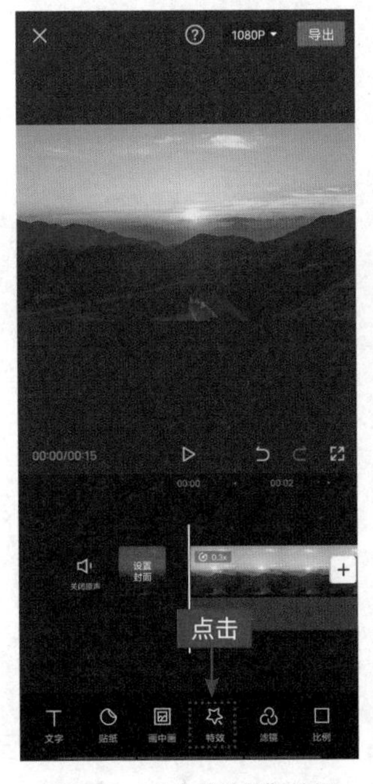

图 2-34　点击“特效”按钮

图 2-35　选择“磨砂纹理”特效

步骤 12 回到主界面，点击“特效”按钮，如图 2-34 所示。

步骤 13 进入“特效”界面，❶切换至“纹理”选项卡；❷选择“磨砂纹理”特效；❸点击 按钮，如图 2-35 所示。

步骤 14 进入“特效”界面，调整特效轨道的持续时长，使其与视频轨道的时长相同，如图 2-36 所示。

图 2-36 调整特效持续时间

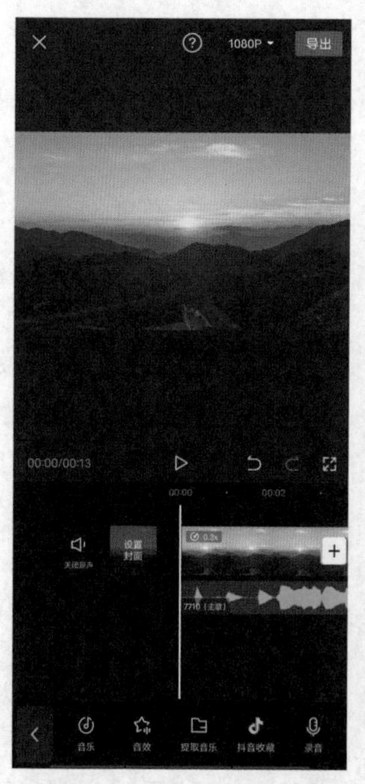

图 2-37 添加合适的背景音乐

步骤 15 回到主界面，为视频添加合适的背景音乐，如图 2-37 所示。

步骤 16 点击“导出”按钮，预览视频前后的对比效果，如图 2-38 所示。

图 2-38 预览视频前后的对比效果

第 8 课 | 黑金色调

电影中的城市夜景

【效果展示】 黑金色调常用于城市夜景视频，以黑色和金色为主调，是电影里经常出现的色调，视频主题偏情绪化，带点伤感色彩，效果如图 2-39 所示。

扫码看案例效果

扫码看教学视频

图 2-39　黑金色调效果展示

下面介绍在剪映 App 中调出黑金色调的具体操作方法。

步骤 1　在剪映 App 中导入一段视频素材后，点击“滤镜”按钮，如图 2-40 所示。

步骤 2　在“风格化”滤镜选项卡中选择“黑金”选项，如图 2-41 所示。

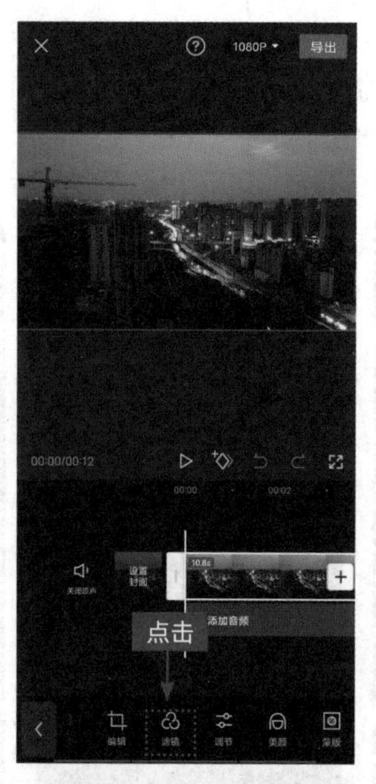

图 2-40　点击“滤镜”按钮

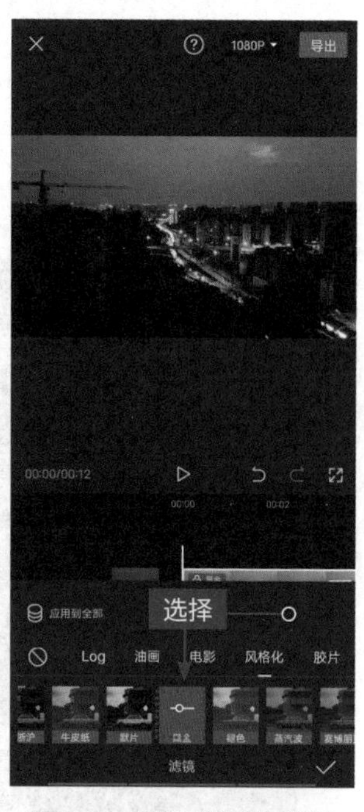

图 2-41　选择“黑金”滤镜

图 2-42　设置“亮度”参数

图 2-43　设置“对比度”参数

步骤 3　点击“调节”按钮，进入“调节”界面，设置“亮度”参数为 -5，降低画面亮度，如图 2-42 所示。

步骤 4　设置“对比度”参数为 10，增加画面对比度，如图 2-43 所示。

步骤 5 在“调节”界面中设置“饱和度”为10、“锐化”为25、“高光”为10、“阴影”为4、“色温”为10、“色调”为-5，如图2-44所示，让整个画面的黑色和金色的色彩效果更加明显。

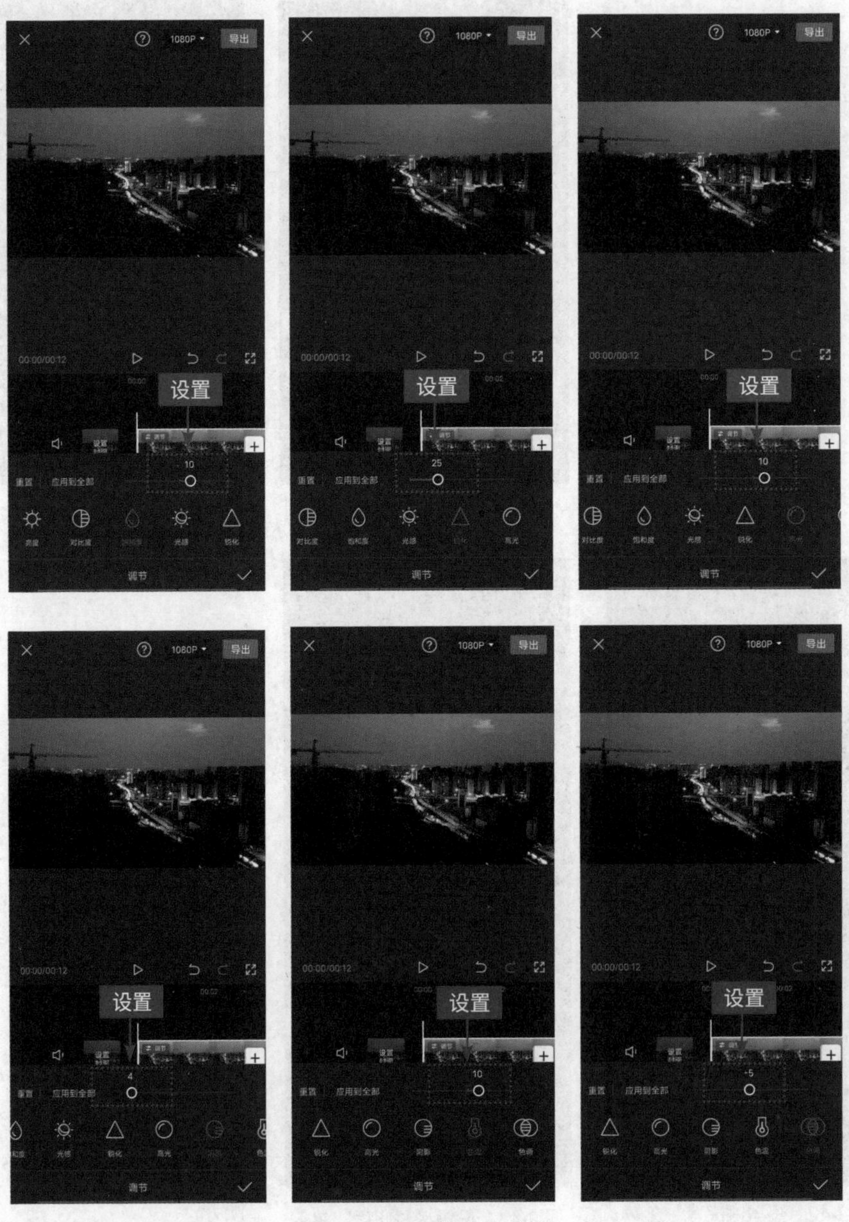

图2-44 设置“调节”参数

步骤 6　点击✓按钮回到主界面，点击“文字”按钮，如图 2-45 所示。

步骤 7　在弹出的面板中，点击“新建文本”按钮，如图 2-46 所示。

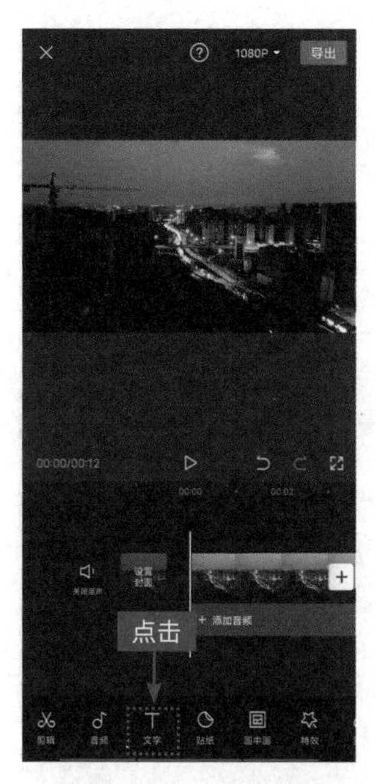

图 2-45　点击“文字”按钮

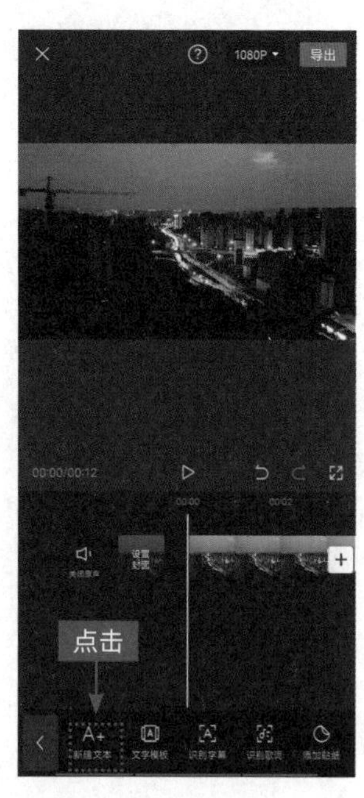

图 2-46　点击“新建文本”按钮

图 2-47　输入文字

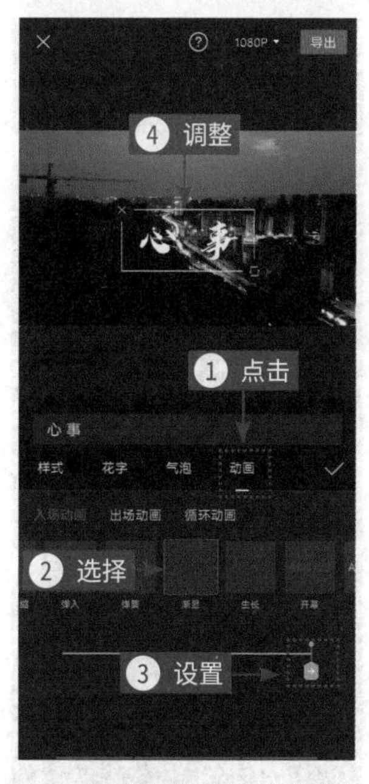

图 2-48　设置动画时长并调整文字的位置和大小

步骤 8　❶在新建文本框内输入相应的文字内容，并设置喜欢的字体样式；❷点击✓按钮确认操作，如图 2-47 所示。

步骤 9　❶点击“动画”按钮；❷选择“渐显”动画；❸适当设置动画的时长；❹最后调整文字的位置和大小，如图 2-48 所示。

步骤 10 用同样的方法，在视频的后面输入两段文字，并调整这两段文字的动画时长、位置、大小，如图 2-49 所示。

图 2-49 输入并调整文字

图 2-50 调整文字的持续时间

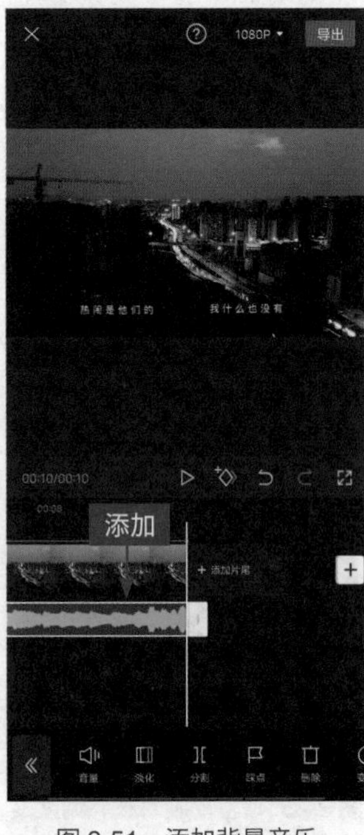

图 2-51 添加背景音乐

步骤 11 在轨道中拖曳文字模板左右两侧的白色拉杆，适当调整其持续时长，如图 2-50 所示。

步骤 12 为视频添加一段合适的背景音乐，如图 2-51 所示。

步骤 13 点击“导出”按钮，预览视频前后的对比效果，如图 2-52 所示。

图 2-52　预览视频前后的对比效果

第 9 课 | 怀旧色调

怀旧风中的人与物

【效果展示】 怀旧色调是比较偏复古的色调，也是老电影中常见的色调，色系偏青色或褐色，还带点黄色，是一种比较复杂的色调，具体效果如图 2-53 所示。

扫码看案例效果

扫码看教学视频

图 2-53　怀旧色调效果展示

下面介绍在剪映 App 中调出怀旧色调的具体操作方法。

步骤 1 在剪映 App 中导入一段视频素材后，选择“复古”滤镜选项卡中的 VHS II 滤镜效果，如图 2-54 所示。

步骤 2 调整滤镜轨道的持续时长，使其与视频轨道的时长一样长，如图 2-55 所示。

图 2-54　选择 VHS II 滤镜

图 2-55　调整滤镜轨道时长

图 2-56　选择“暗角”特效

图 2-57　调整特效轨道时长

步骤 3 点击“特效”按钮，选择“基础”特效选项卡中的“暗角”特效，如图 2-56 所示。

步骤 4 调整特效轨道的持续时长，使其与视频轨道的时长相同，如图 2-57 所示。

步骤 5　点击“调节”按钮，在“调节”界面中设置“亮度”为-28、“对比度”为-8、“饱和度”为-8、“锐化”为21、“高光”为20、“阴影”为17、“色温”为-16、“色调”为14，部分参数如图2-58所示，增加画面的暗部效果，降低色彩饱和度，使画面的色系偏褐色。

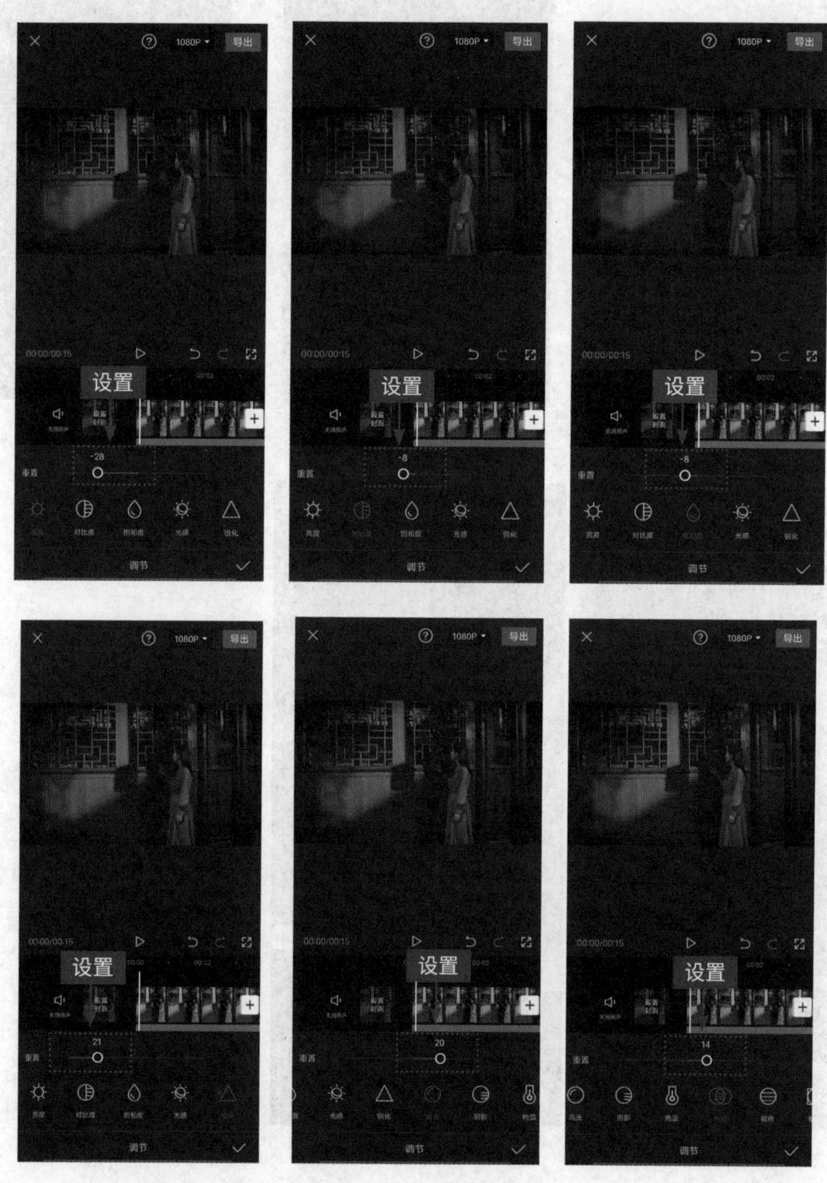

图2-58　设置“调节”参数

图 2-59　调整调节轨道时长

图 2-60　添加背景音乐

步骤 6　调整调节轨道的持续时长，使其与视频轨道的时长相同，如图 2-59 所示。

步骤 7　为视频添加一段合适的背景音乐，如图 2-60 所示。

步骤 8　点击“导出”按钮，预览视频前后的对比效果，如图 2-61 所示。

图 2-61　预览视频前后的对比效果

第 10 课 | 色彩对比

颜色不一样的大海

【效果展示】 制作色彩对比视频的关键在于对蒙版的使用，掌握正确的方法和技巧即可做出色彩对比视频，如图 2-62 所示。

扫码看案例效果

扫码看教学视频

图 2-62　色彩对比效果展示

下面介绍在剪映 App 中调出色彩对比效果的具体操作方法。

步骤 1 剪映 App 中导入一段视频素材后，点击“复制”按钮，复制导入的视频素材，如图 2-63 所示。

步骤 2 点击“画中画”按钮，选择第二段素材，并在弹出的面板中点击“切画中画”按钮，如图 2-64 所示。

图 2-63　点击“复制”按钮

图 2-64　点击“切画中画”按钮

图 2-65　调整视频轨道位置

图 2-66　选择“鲜亮”滤镜

步骤 3 将画中画轨道中的视频与主轨道中的视频对齐，如图 2-65 所示。

步骤 4 选择画中画轨道中的视频，选择“清新”滤镜选项卡中的“鲜亮”选项，如图 2-66 所示。

步骤 5 点击“调节”按钮，在“调节”界面中设置“饱和度”为35、“色温”为-25、“色调”为-30，如图2-67所示，提高画面的色彩饱和度，让画面偏蓝色系。

图2-67 设置“调节”参数

图2-68 添加关键帧

图2-69 点击“线性”按钮

步骤 6 拖曳时间轴至初始位置，点击按钮添加关键帧，如图2-68所示。

步骤 7 点击“蒙版”按钮，在弹出的界面中，点击“线性”按钮，如图2-69所示。

步骤 8　❶对界面中黄色的蒙版线进行逆时针旋转操作，调整角度到 -90°；❷拖曳黄色的蒙版线到画面的最左边位置；❸拖曳时间轴至视频的末尾处；❹拖曳黄色的蒙版线到画面的最右边位置，如图 2-70 所示。

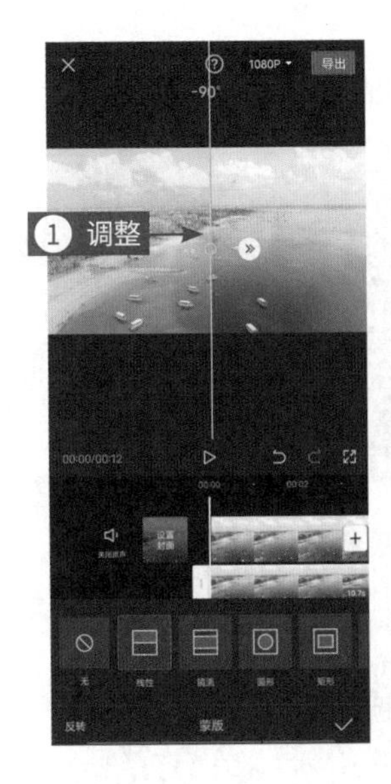

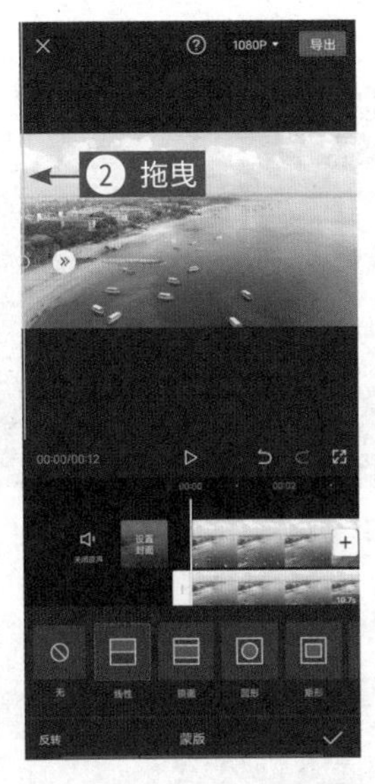

图 2-70　调整蒙版的位置

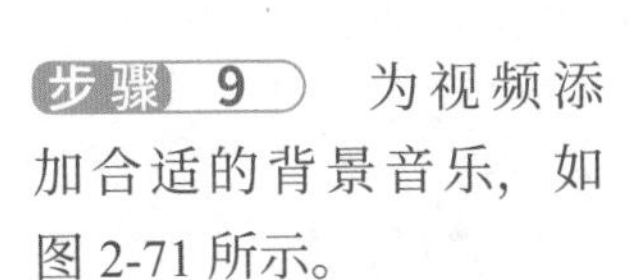

步骤 9　为视频添加合适的背景音乐，如图 2-71 所示。

步骤 10　在视频中间位置添加一段文字，并设置合适的样式、大小、位置和动画效果，如图 2-72 所示。

图 2-71　添加背景音乐

图 2-72　调整文字的位置与大小

步骤 11 点击“导出”按钮，预览视频前后的对比效果，如图 2-73 所示。

图 2-73 预览视频前后的对比效果

第 3 章

视频过渡——动画转场

本章要点

转场是指视频与视频之间的过渡与转换，也是视频连贯性的一种体现。转场有多种形式，有用镜头自然过渡的无技巧转场，也有常见的技巧转场。本章主要列举 5 种常见的技巧转场，包括用特效和动画制作的水墨风转场、用曲线变速切换的变速转场、用蒙版功能制作的翻页转场、用文字功能制作的文字转场以及用抠图技巧制作的抠图转场。

第 11 课｜动画转场

——场水墨风的邂逅

【效果展示】 水墨风特效视频关键在于对动画、特效以及转场的挑选和使用，搭配得当就能得到满意的效果，如图 3-1 所示。

扫码看案例效果

扫码看教学视频

图 3-1　动画转场效果展示

下面介绍在剪映 App 中制作动画转场视频的具体操作方法。

步骤 1　在剪映 App 中导入 4 张照片素材，点击“动画”按钮，如图 3-2 所示。

步骤 2　进入“动画”界面，可以看到里面有“入场动画”“出场动画”以及“组合动画”选项，如图 3-3 所示。

图 3-2　点击“动画”按钮

图 3-3　进入“动画”界面

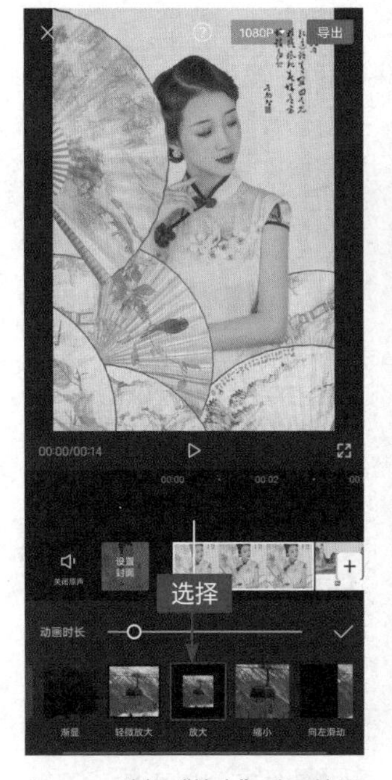

图 3-4　选择“放大”动画效果

图 3-5　添加相应的动画效果

步骤 3　点击“入场动画”按钮，选择“放大”选项，如图 3-4 所示。

步骤 4　为第二段视频素材添加“组合动画”中的“四格翻转 II”动画，如图 3-5 所示。

步骤 5 用与上方同样的方法，❶为第三段视频素材添加“组合动画”中的“分身 II”动画；❷为第四段素材添加“组合动画”中的“旋入晃动”动画，如图 3-6 所示。

图 3-6 添加动画效果

图 3-7 点击转场按钮

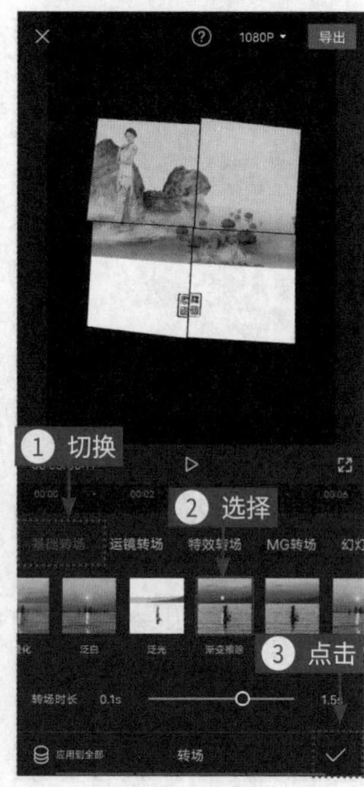

图 3-8 选择“渐变擦除”转场

步骤 6 点击前两个视频素材连接处的转场按钮[I]，如图 3-7 所示。

步骤 7 进入“转场”界面，❶切换至“基础转场”选项卡；❷选择“渐变擦除”转场；❸点击[✓]按钮，如图 3-8 所示。

步骤 8 用与上方同样的方法，❶为第二段和第三段视频中间添加“特效转场”中的“色差故障”转场；❷为第三段和第四段视频中间添加“基础转场”中的“眨眼”转场，如图 3-9 所示。

图 3-9 添加转场效果

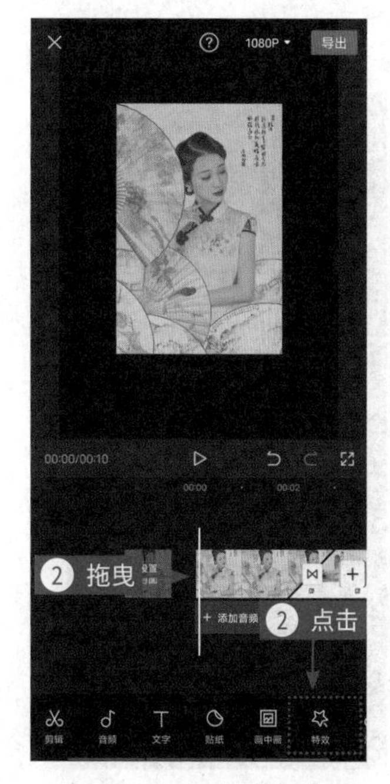

图 3-10 点击“特效”按钮

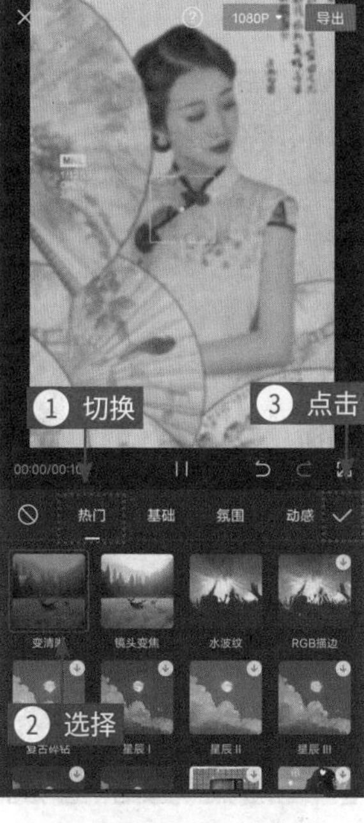

图 3-11 选择“变清晰”特效

步骤 9 ❶拖曳时间轴至视频开始位置；❷点击“特效”按钮，如图 3-10 所示。

步骤 10 进入“特效”界面，❶切换至“热门”选项卡；❷选择“变清晰”特效；❸点击✓按钮，如图 3-11 所示。

步骤 11 进入“特效”界面，拖曳“变清晰”特效右侧的白色拉杆，适当调整其持续时间。再用与上方同样的方法为其他3段视频素材添加特效，如图3-12所示。

步骤 12 为视频添加合适的背景音乐，如图3-13所示。

图3-12 添加特效

图3-13 添加背景音乐

步骤 13 点击右上角的“导出”按钮，导出并播放视频，效果如图3-14所示。

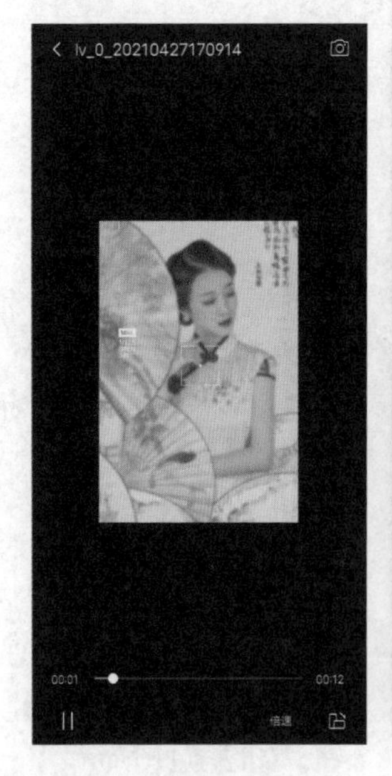

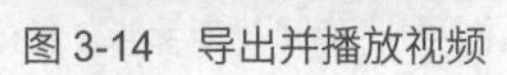
图3-14 导出并播放视频

第 12 课 | 变速转场

曲线变速就能无缝

【效果展示】 曲线变速转场能让视频过渡自然流畅，实现无缝转场的效果，当然操作步骤也很简单，效果如图 3-15 所示。

扫码看案例效果

扫码看教学视频

图 3-15 曲线变速转场效果展示

下面介绍在剪映 App 中制作曲线变速转场视频的具体操作方法。

步骤 1 在剪映 App 中导入两段视频素材，点击[I]按钮，如图 3-16 所示。

步骤 2 进入“转场”界面，选择“特效转场”选项卡中的“横线”转场，并设置转场时长为 0.1s，如图 3-17 所示。

图 3-16 点击转场按钮

图 3-17 选择“横线”转场

图 3-18 点击“变速”按钮

图 3-19 点击“曲线变速”按钮

步骤 3 ❶选择第一段视频；❷点击“变速”按钮，如图 3-18 所示。

步骤 4 在弹出的面板中，点击“曲线变速”按钮，如图 3-19 所示。

步骤 5　进入“曲线变速”界面，选择“自定”选项，点击“点击编辑”按钮，如图 3-20 所示，进入“自定”界面。

步骤 6　在“自定”界面中，拖曳时间轴至后面两个变速点上，依次向上拖曳变速点的位置至数值 5x，如图 3-21 所示。

图 3-20　进入“曲线变速”界面

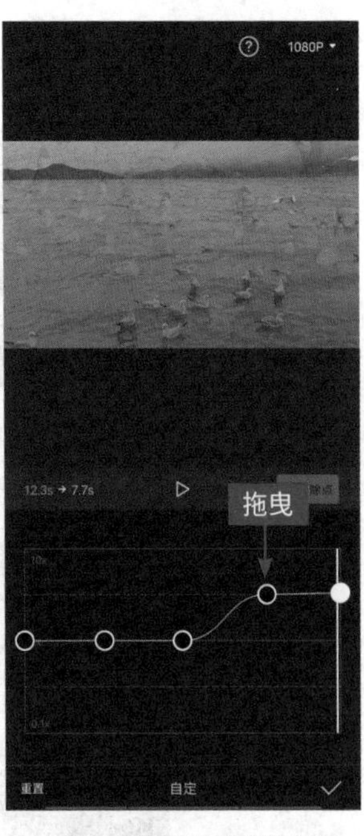

图 3-21　拖曳变速点的位置

图 3-22　拖曳变速点的位置

图 3-23　添加背景音乐

步骤 7　用与上方同样的方法，拖曳第二段视频中的前面两个变速点至数值 5x，如图 3-22 所示。

步骤 8　为整段视频添加合适的背景音乐，如图 3-23 所示。

步骤 9 点击右上角的“导出”按钮，导出并播放视频，效果如图 3-24 所示。

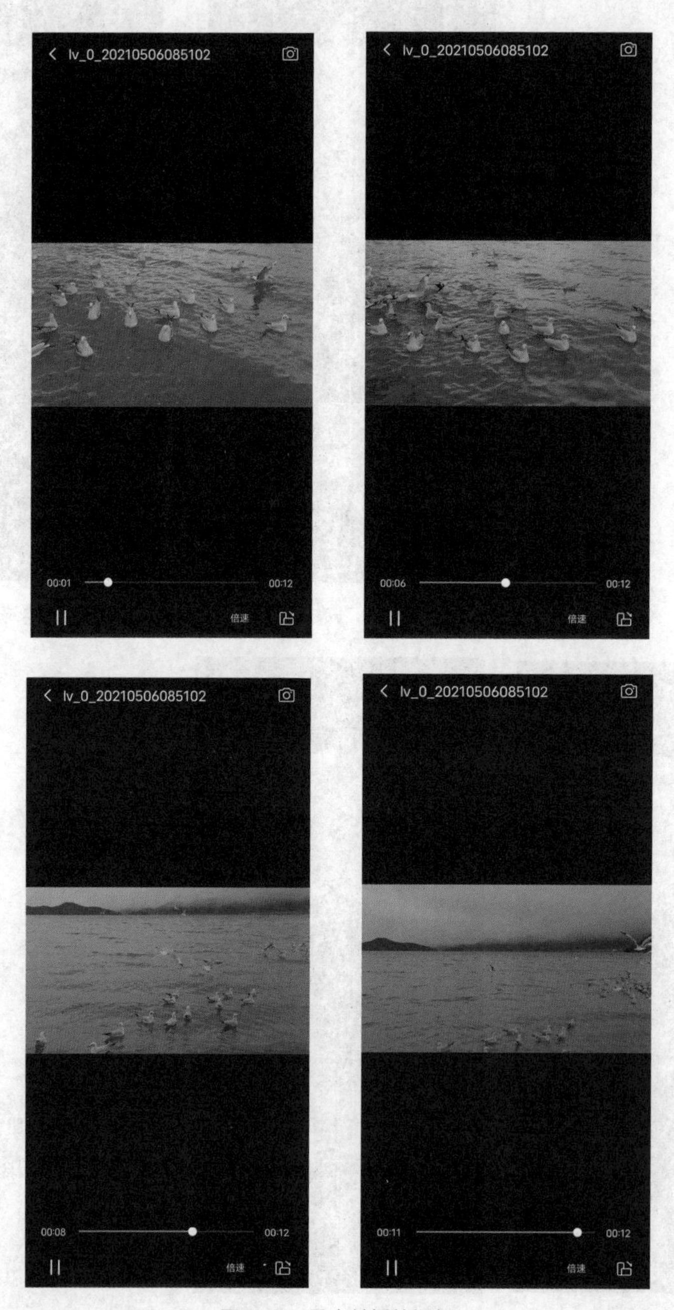

图 3-24　导出并播放视频

第 13 课 | 翻页转场

翻书本似的切画面

【效果展示】 对称的照片素材非常适合做翻页转场效果，翻页转场的要点就在于对线性蒙版的使用，其效果就好像翻书一样，如图 3-25 所示。

扫码看案例效果

扫码看教学视频

图 3-25 翻页转场效果展示

下面介绍在剪映 App 中制作翻页转场视频的具体操作方法。

步骤 1 在剪映App中导入5张照片素材，如图3-26所示。

步骤 2 在预览区内，依次调整每段素材的画面大小，使其铺满整个视频画面，如图3-27所示。

图3-26 导入素材

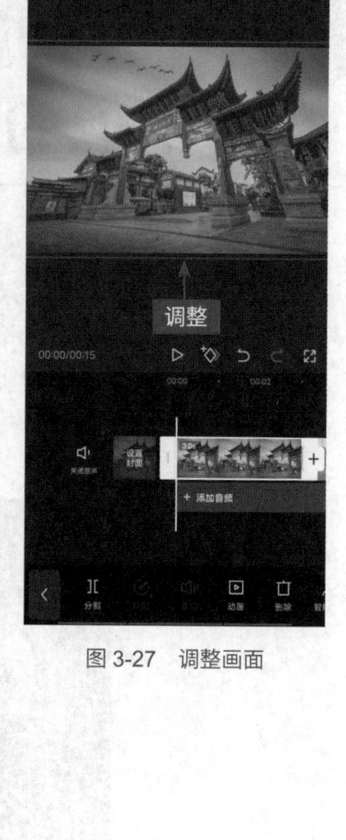

图3-27 调整画面

图3-28 点击“画中画”按钮

图3-29 点击“切画中画”按钮

步骤 3 点击“画中画”按钮，如图3-28所示。

步骤 4 ❶选择第二段素材；❷点击“切画中画”按钮，如图3-29所示。

步骤 5　调整第二个视频轨道的素材，使其与第一个视频轨道的素材对齐，如图 3-30 所示。

步骤 6　❶选择第二个视频轨道的素材，❷点击“蒙版”按钮，如图 3-31 所示。

图 3-30　调整位置

图 3-31　点击“蒙版”按钮

图 3-32　调整蒙版角度

图 3-33　调整素材持续时间

步骤 7　❶在“蒙版”界面中点击“线性”按钮；❷对界面中黄色的蒙版线进行顺时针旋转操作，调整角度到 90°，如图 3-32 所示。

步骤 8　拖曳第二个视频轨道中素材右侧的白色拉杆，调整其持续时间为 1.5s，如图 3-33 所示。

步骤 9 点击“复制”按钮，复制该段素材，如图 3-34 所示，拖曳素材到第三个轨道中，使其与第二个轨道对齐。

步骤 10 拖曳第三个视频轨道中素材右侧的白色拉杆，调整其持续时间为 3s，如图 3-35 所示。

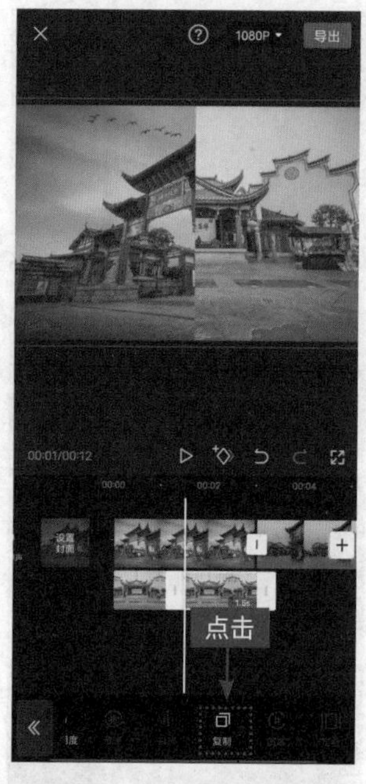

图 3-34 点击“复制”按钮

图 3-35 调整素材持续时间

图 3-36 点击“反转”按钮

图 3-37 点击“复制”按钮

步骤 11 点击“蒙版”按钮，在“蒙版”界面中点击“反转”按钮，如图 3-36 所示。

步骤 12 选择第一个视频轨道中的第一段素材，点击“复制”按钮，如图 3-37 所示。

步骤 13 选择复制的素材，点击“切画中画”按钮，如图 3-38 所示。

步骤 14 调整该段素材的位置，使其靠拢前面的素材，如图 3-39 所示。

图 3-38　点击“切画中画”按钮

图 3-39　调整素材位置

图 3-40　点击“分割”按钮

图 3-41　点击“蒙版”按钮

步骤 15 点击“分割”按钮，在第一个素材的结尾处分割复制的素材，如图 3-40 所示。

步骤 16 ❶选择该段素材的前半部分；❷点击“蒙版”按钮，如图 3-41 所示。

步骤 17 ❶在“蒙版”界面中点击“线性”按钮；❷对界面中黄色的蒙版线进行逆时针旋转操作，调整角度到-90°，如图3-42所示。

步骤 18 ❶选择第二个视频轨道中的第一段素材；❷点击“动画”按钮，如图3-43所示。

图3-42 调整“线性”蒙版角度

图3-43 点击“动画”按钮

图3-44 点击“出场动画”按钮

图3-45 选择“镜像翻转”动画

步骤 19 在弹出的面板中点击“出场动画”按钮，如图3-44所示。

步骤 20 进入“出场动画”界面，❶选择“镜像翻转”动画；❷拖曳动画时长滑块按钮◯至1.5s；❸点击✓按钮，如图3-45所示。

步骤 21 用与上方同样的方法，为第二个视频轨道中的第二段素材添加“入场动画”中的“镜像翻转”动画，并设置动画时长为 1.5s，如图 3-46 所示。

步骤 22 按照上面设置蒙版效果的方法步骤，为后面的素材进行同样的操作，如图 3-47 所示。

图 3-46 选择“镜像翻转”动画

图 3-47 重复蒙版操作

图 3-48 预览效果

图 3-49 添加背景音乐

步骤 23 所有的蒙版操作结束后，预览整个视频轨道的效果，如图 3-48 所示。

步骤 24 为整段视频添加合适的背景音乐，如图 3-49 所示。

步骤 25 点击右上角的“导出”按钮，导出并播放视频，效果如图 3-50 所示。

图 3-50 导出并播放视频

第 14 课 | 文字转场

从文字中切换出视频

【效果展示】 文字转场是转场效果中比较常见的一种，重点在于从文字中切出视频，效果如图 3-51 所示。

扫码看案例效果

扫码看教学视频

图 3-51 文字转场效果展示

下面介绍在剪映 App 中制作文字转场视频的具体操作方法。

步骤 1 在剪映 App 中导入一张绿幕照片素材，并设置播放时长为 6s，如图 3-52 所示。

步骤 2 添加“美丽山河”文字，设置字体颜色为红色，最后调整文字轨道与视频轨道一样长，如图 3-53 所示。

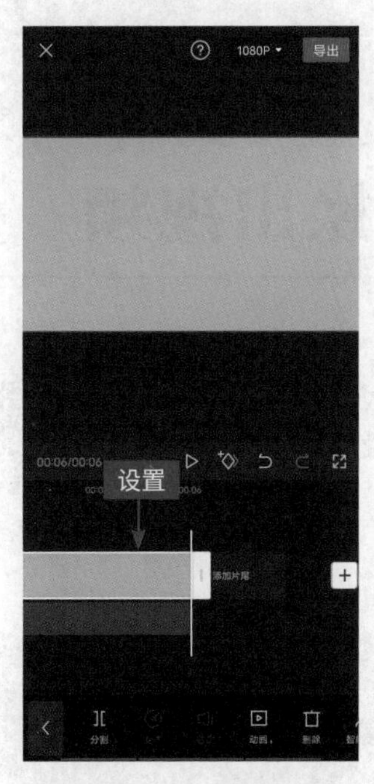

图 3-52 导入绿幕照片

图 3-53 添加文字

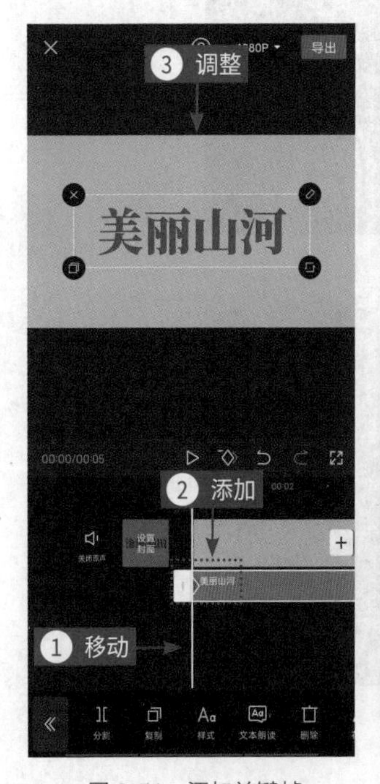

图 3-54 添加关键帧

图 3-55 调整文字的大小

步骤 3 ❶移动时间轴至视频初始位置；❷点击按钮，添加关键帧；❸调整文字的大小，如图 3-54 所示。

步骤 4 ❶移动时间轴至第 3s 位置，❷点击按钮，添加关键帧；❸调整文字的大小，如图 3-55 所示。

步骤 5 ❶移动时间轴至视频末尾位置，❷点击[icon]按钮，添加关键帧；❸调整文字的大小，将其放大到最大；❹点击“导出”按钮，保存视频，如图 3-56 所示。

步骤 6 导入新的视频素材，点击“画中画”按钮，如图 3-57 所示。

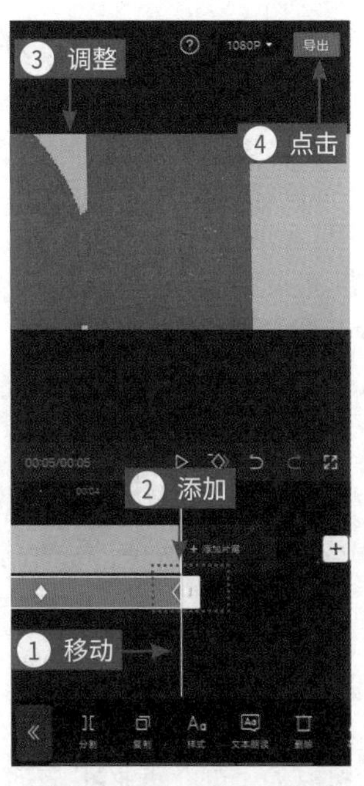

图 3-56　点击“导出”按钮

图 3-57　点击“画中画”按钮

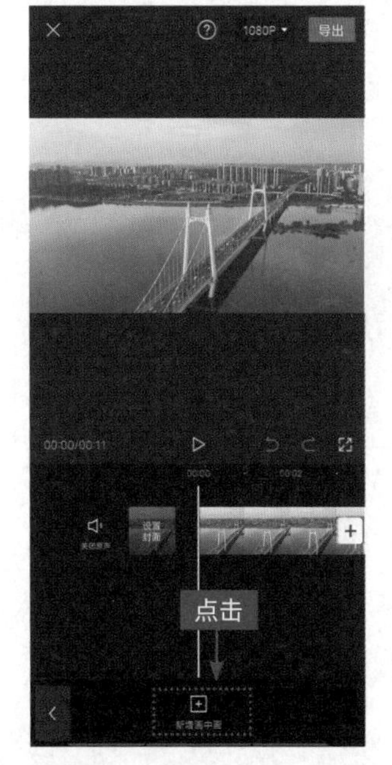

图 3-58　点击“新增画中画”按钮

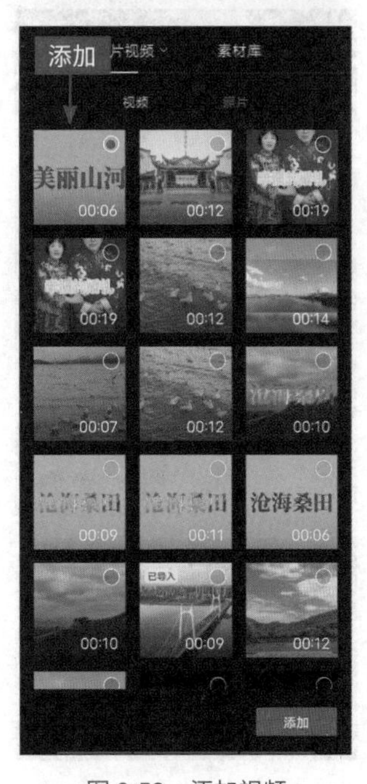

图 3-59　添加视频

步骤 7 点击“新增画中画”按钮，如图 3-58 所示，进入“照片视频”界面。

步骤 8 在“照片视频”界面中，选择并添加上一段导出的视频文件，如图 3-59 所示。

步骤 9 ❶调整导入视频的画面大小；❷点击“色度抠图”按钮，如图3-60所示。

步骤 10 滑动屏幕中的“取色器”，取样红色色度，如图3-61所示。

图3-60 点击“色度抠图”按钮

图3-61 选择红色色度

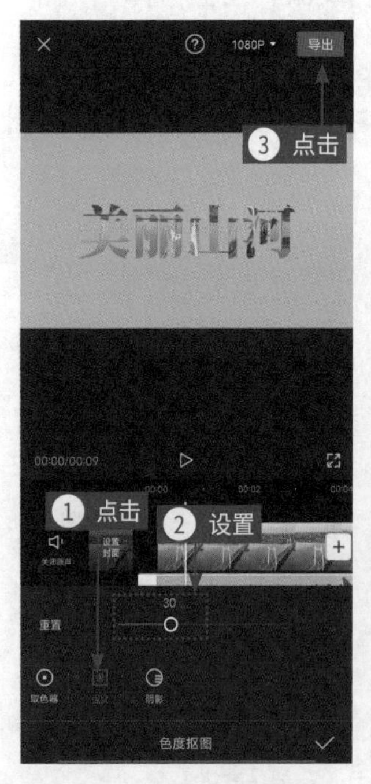

图3-62 设置“重置”参数

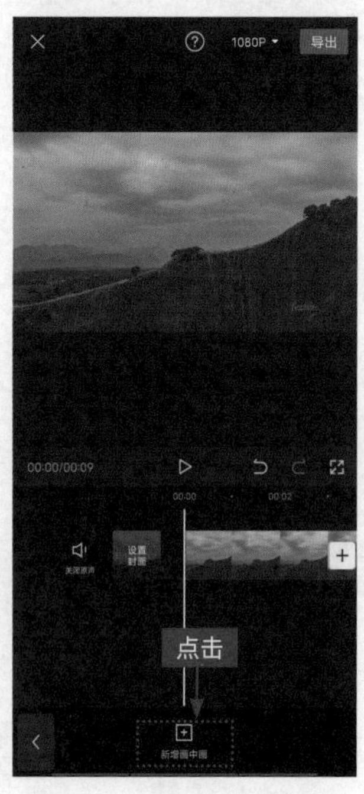

图3-63 点击“新增画中画”按钮

步骤 11 ❶点击“强度”按钮；❷设置参数为30；❸点击“导出”按钮，保存视频，如图3-62所示。

步骤 12 导入第二段新的视频素材，点击“画中画”按钮，再点击“新增画中画”按钮，如图3-63所示。

步骤 13 在“照片视频”界面中，选择并添加上一段导出的视频，如图 3-64 所示。

步骤 14 ❶调整导入视频的画面大小；❷点击“色度抠图”按钮，如图 3-65 所示。

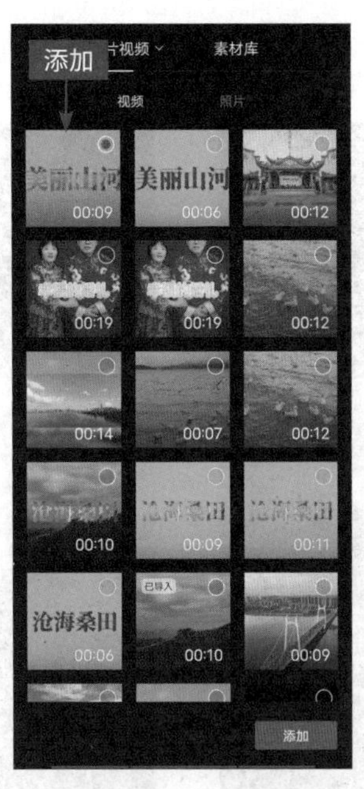

图 3-64　添加视频

图 3-65　点击“色度抠图”按钮

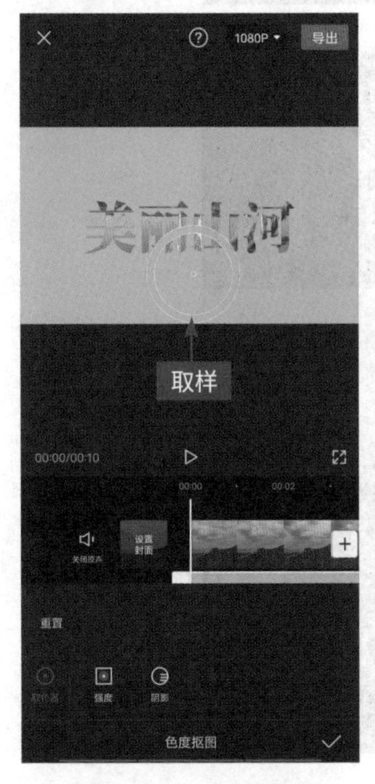

图 3-66　选择绿色色度

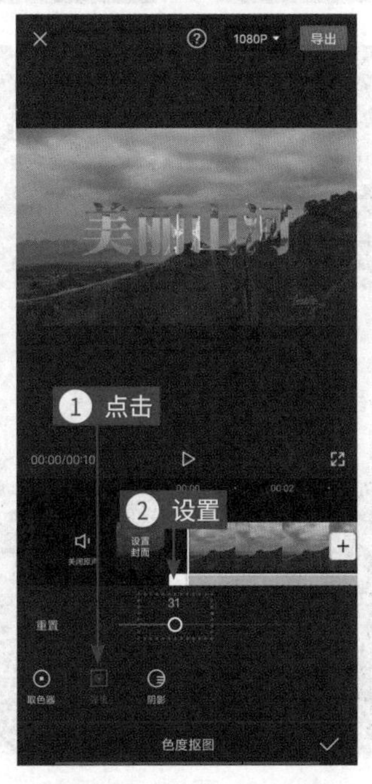

图 3-67　点击“导出”按钮

步骤 15 滑动屏幕中的“取色器”，取样绿色色度，如图 3-66 所示。

步骤 16 ❶点击“强度”按钮；❷设置参数为 31，然后添加合适的背景音乐，如图 3-67 所示。

步骤 17 点击右上角的“导出”按钮，导出并播放视频，效果如图3-68所示。

图3-68 导出并播放视频

第 15 课 | 抠图转场

各种建筑物分离术

【效果展示】 抠图转场在于先把视频中的建筑图像与背景抠图分离，然后再融合，让转场更有视觉冲击力，效果如图 3-69 所示。

扫码看案例效果

扫码看教学视频

图 3-69　抠图转场效果展示

下面介绍在剪映 App 中制作抠图转场视频的具体操作方法。

步骤 1 在剪映 App 中导入两段视频素材，点击"画中画"按钮，如图 3-70 所示。

步骤 2 点击"新增画中画"按钮，在弹出的"照片视频"界面中，添加一张没有雕像的背景图，如图 3-71 所示。

图 3-70 点击"画中画"按钮

图 3-71 添加背景图片

图 3-72 点击"新增画中画"按钮

图 3-73 添加抠图素材

步骤 3 ❶拖曳时间轴至背景图素材 1/3 时间处；❷点击"新增画中画"按钮，如图 3-72 所示。

步骤 4 在弹出的"照片视频"界面中，添加一张只有雕像底部的抠图素材，如图 3-73 所示。

步骤 5 ❶调整素材的大小，使其与背景一样大；❷点击“分割”按钮；❸对后面一段素材进行删除操作，如图 3-74 所示。

步骤 6 ❶选择雕像底部的抠图素材；❷为该段素材添加“入场动画”中的“向下滑动”动画效果，如图 3-75 所示。

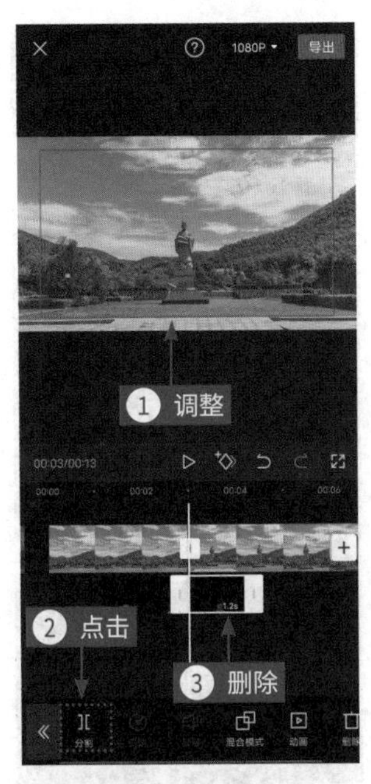

图 3-74　删除多余的素材

图 3-75　添加相应的动画效果

图 3-76　点击“新增画中画”按钮

图 3-77　添加抠图素材

步骤 7 ❶拖曳时间轴至视频 1.6s 处；❷点击“新增画中画”按钮，如图 3-76 所示。

步骤 8 在弹出的“照片视频”界面中，添加一张有雕像上半身的抠图素材，如图 3-77 所示。

步骤 9 ❶调整素材的大小，使其与背景一样大；❷点击“分割”按钮；❸对后面一段素材进行删除操作，如图 3-78 所示。

步骤 10 ❶选择雕像上半身的抠图素材；❷为该段素材添加“入场动画”中的“向右甩入”动画效果，如图 3-79 所示。

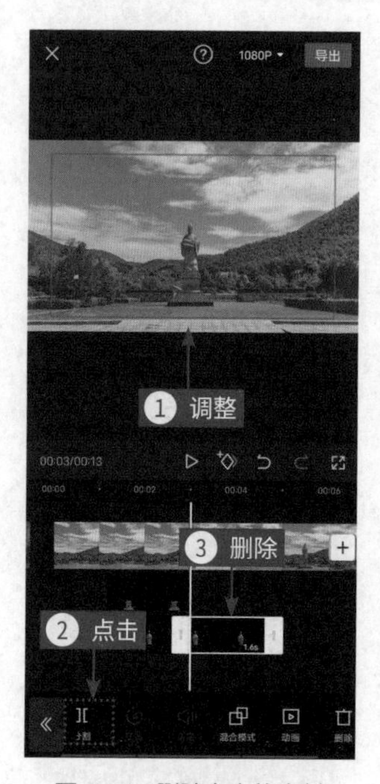

图 3-78 删除多余的素材

图 3-79 添加相应的动画效果

图 3-80 点击“新增画中画”按钮

图 3-81 添加抠图素材

步骤 11 ❶拖曳时间轴至视频 6s 位置处；❷点击“新增画中画”按钮，如图 3-80 所示。

步骤 12 在弹出的“照片视频”界面中，添加最后一张抠图素材，如图 3-81 所示。

步骤 13　❶调整素材的大小，使其与背景一样大；❷点击“分割”按钮；❸对后面一段素材进行删除操作，如图 3-82 所示。

步骤 14　❶选择该段抠图素材；❷添加“入场动画”中的“左右抖动”动画效果，如图 3-83 所示。

图 3-82　删除多余的素材

图 3-83　添加相应的动画效果

图 3-84　添加特效

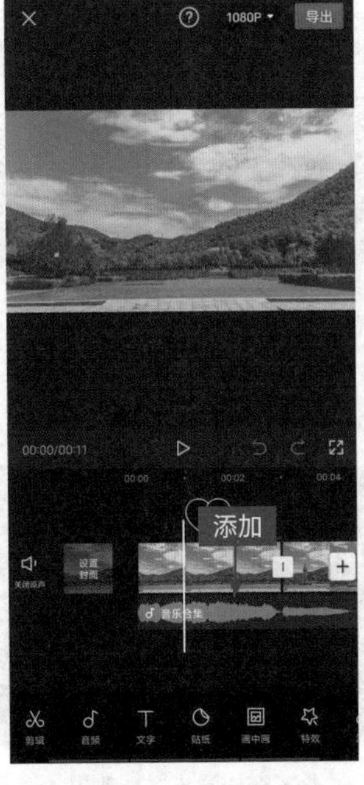

图 3-85　添加背景音乐

步骤 15　在抠图素材对应的轨道时间分别添加“星火 II”和“玻璃破碎”特效，如图 3-84 所示。

步骤 16　为视频添加一段合适的背景音乐，如图 3-85 所示。

步骤 17 点击右上角的“导出”按钮，导出并播放视频，效果如图 3-86 所示。

图 3-86 导出并播放视频

第 4 章 字幕效果——文字贴纸

本章要点

我们在刷短视频的时候，常常看到很多短视频中都添加了字幕效果，或用于歌词，或用于语音解说，让观众在短短几秒钟内就能看懂更多的视频内容，同时这些文字还有助于观众记住发布者要表达的信息，吸引他们点赞和关注。本章将介绍如何在视频中制作卡拉 OK 歌词特效、文字烟雾特效、片头字幕特效、识别歌词字幕特效和挥手召唤彩虹特效，帮助读者做出更多精彩的字幕效果。

第 16 课 | 文字动画

轻松变出卡拉 OK 歌词

【效果展示】 在剪映 App 中，可以利用文字动画功能制作与卡拉 OK 一样的歌词效果，如图 4-1 所示。

扫码看案例效果

扫码看教学视频

图 4-1 卡拉 OK 歌词效果展示

下面介绍在剪映 App 中制作卡拉 OK 歌词特效的具体操作方法。

步骤 1　在剪映 App 中导入一段视频素材，点击“音频”按钮，如图 4-2 所示。

步骤 2　为视频添加一段合适的背景音乐，如图 4-3 所示。

图 4-2　点击“音频”按钮

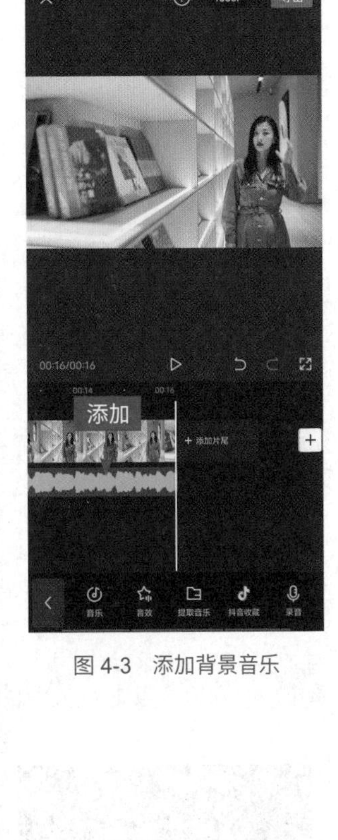

图 4-3　添加背景音乐

图 4-4　点击“文字”按钮

图 4-5　点击“新建文本”按钮

步骤 3　❶移动时间轴至视频起始位置；❷点击“文字”按钮，如图 4-4 所示。

步骤 4　点击“新建文本”按钮，如图 4-5 所示。

步骤 5 ❶输入歌词；❷点击“动画”按钮；❸选择“卡拉 OK”入场动画效果；❹选择绿色色块；❺根据音乐调整动画时长；❻调整歌词文字的位置与大小，如图 4-6 所示。

步骤 6 用与上方同样的方法，为剩下的视频添加歌词，并调整各段歌词文字的持续时间，使其与音乐时间一致，如图 4-7 所示。

图 4-6 输入并调整歌词文字

图 4-7 添加歌词

步骤 7 点击右上角的“导出”按钮，导出并播放视频，效果如图 4-8 所示。

图 4-8 导出并播放视频

第 17 课 | 文字烟雾

文字随风消散，如此唯美

【效果展示】 文字烟雾效果给人一种梦幻、唯美的感觉，制作重点在于对新增画中画中的视频素材添加“滤色”混合模式，效果如图 4-9 所示。

扫码看案例效果

扫码看教学视频

图 4-9 文字烟雾效果展示

下面介绍在剪映 App 中制作文字烟雾特效的具体操作方法。

步骤 1 在剪映 App 中导入一段视频素材，点击“文字”按钮，如图 4-10 所示。

图 4-10 点击“文字”按钮

步骤 2 点击“新建文本”按钮，❶输入文字内容；❷点击“排列”按钮；❸选择 样式；❹最后调整文字的大小与位置，如图 4-11 所示。

图 4-11 输入并调整文字

图 4-12 选择相应的动画效果

图 4-13 添加第二段文字

步骤 3 ❶点击“动画”按钮；❷选择“打字机 II”入场动画效果；❸设置动画时长为 1.4s，如图 4-12 所示。

步骤 4 用与上方同样的方法，添加第二段文字，调整文字的位置和大小，并设置动画时长为 1.8s，如图 4-13 所示。

步骤 5　调整两段文字轨道的持续时长，如图 4-14 所示。

步骤 6　❶拖曳时间轴至视频起始位置处；❷点击“画中画”按钮，如图 4-15 所示。

图 4-14　调整文字轨道时长

图 4-15　点击“画中画”按钮

图 4-16　点击相应按钮

图 4-17　添加特效素材

步骤 7　点击“新增画中画”按钮，如图 4-16 所示。

步骤 8　在弹出的“照片视频”界面中，添加文字烟雾特效素材，如图 4-17 所示。

步骤 9 ❶拖曳时间轴至第一段文字结束处，点击“混合模式”按钮；❷在弹出的选项中选择“滤色”选项；❸调整视频素材的位置与大小，使其包围文字，如图 4-18 所示。

步骤 10 用与上方同样的方法，为第二段文字添加特效视频，并设置为“滤色”混合模式，调整其位置和大小，如图 4-19 所示。

图 4-18 选择“滤色”混合模式

图 4-19 添加特效视频

图 4-20 添加文字

图 4-21 添加特效素材和背景音乐

步骤 11 用与上方同样的方法，为后半段的视频添加相应的文字内容，如图 4-20 所示。

步骤 12 添加同样的特效素材，最后添加合适的背景音乐，如图 4-21 所示。

步骤 13 点击右上角的“导出”按钮，导出并播放视频，效果如图 4-22 所示。

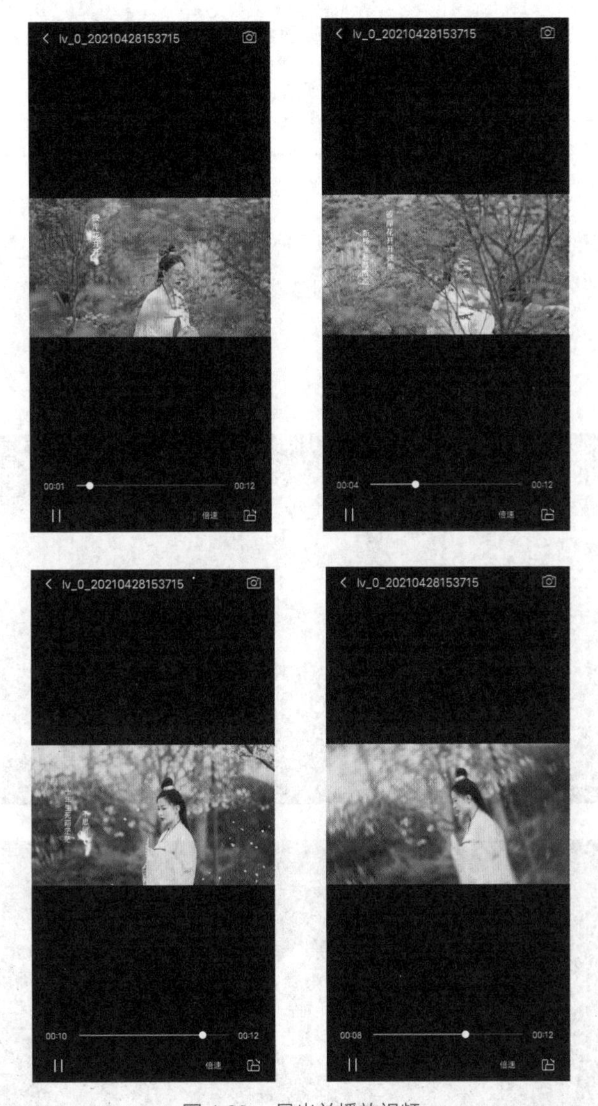

图 4-22 导出并播放视频

专家提醒

这段 Vlog 短视频是旅行摄影家唐及科得拍摄的，他曾获得 2019 年大疆全球短视频大赛优秀作品奖。

第 18 课 | 片头字幕

震撼大片才有的开幕特效

【效果展示】 在剪映 App 中可以用文字功能和添加特效功能制作大片风格的片头字幕特效，效果如图 4-23 所示。

扫码看案例效果

扫码看教学视频

图 4-23　片头字幕效果展示

下面介绍在剪映 App 中制作震撼大片开幕特效的具体操作方法。

步骤 1　在剪映 App 中导入一段黑幕视频素材，添加文字，设置视频时长为 11s 左右，然后导出视频，如图 4-24 所示。

步骤 2　在剪映 App 中导入一段新的视频素材，❶拖曳时间轴到视频 4s 处；❷点击“画中画”按钮，如图 4-25 所示。

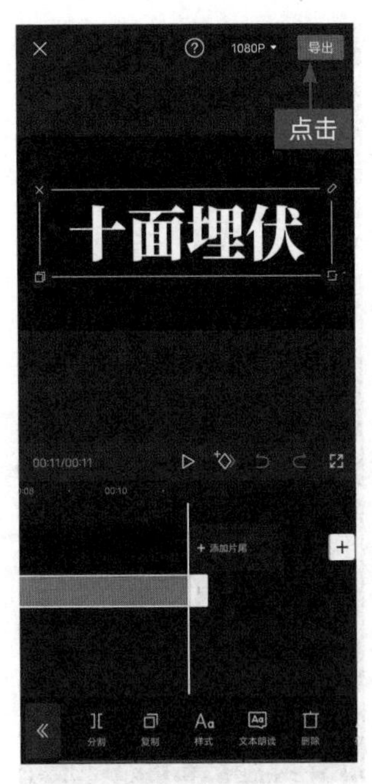

图 4-24　导出黑幕文字视频

图 4-25　点击“画中画”按钮

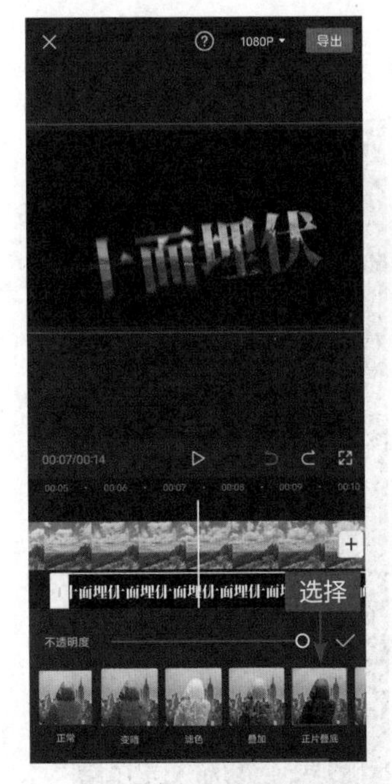

图 4-26　选择“正片叠底”选项

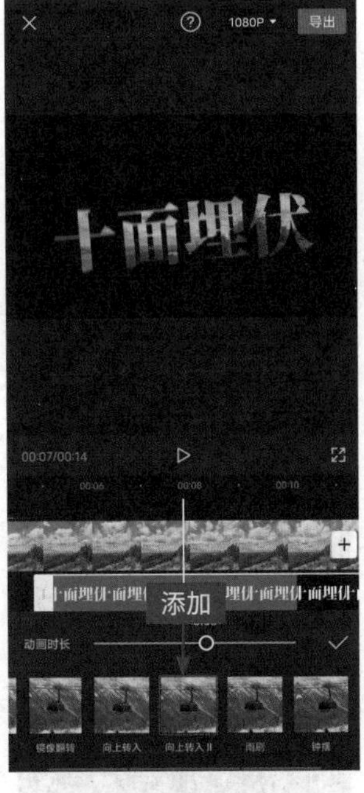

图 4-27　添加动画效果

步骤 3　点击“新增画中画”按钮，导入上一步导出的文字视频，选择“正片叠底”混合模式，如图 4-26 所示。

步骤 4　点击“动画”按钮，添加“入场动画”中的“向上转入 II”动画，并设置动画时长为 5s，如图 4-27 所示。

步骤 5 添加两段文字，并设置字体和动画效果，再调整其在文字轨道的持续时间，如图 4-28 所示。

步骤 6 为视频的开幕部分添加“开幕”和“胶片 III”特效，调整其在轨道中的位置和时长，如图 4-29 所示。

图 4-28 添加两段文字

图 4-29 添加两段特效

步骤 7 点击右上角的“导出”按钮，导出并播放视频，效果如图 4-30 所示。

图 4-30 导出并播放视频

第 19 课 | 识别歌词

让你的音乐视频自带字幕

【效果展示】 剪映 App 中的识别歌词功能可以提取背景音乐的文字字幕，帮助用户快速做出字幕效果，如图 4-31 所示。

扫码看案例效果

扫码看教学视频

图 4-31　音乐视频字幕效果展示

下面介绍在剪映 App 中制作音乐视频字幕特效的具体操作方法。

步骤 1 在剪映App中导入一段视频素材，点击“比例”按钮，在弹出的面板中选择9：16选项，如图4-32所示。

步骤 2 点击“背景”按钮，在“画布模糊”界面中选择第二个样式，如图4-33所示。

图4-32 选择9：16选项

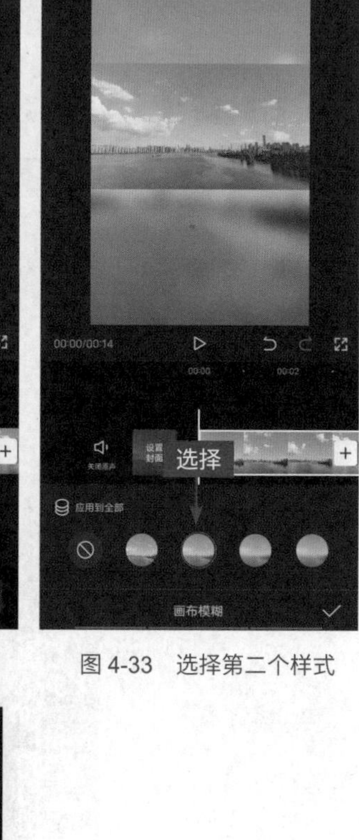

图4-33 选择第二个样式

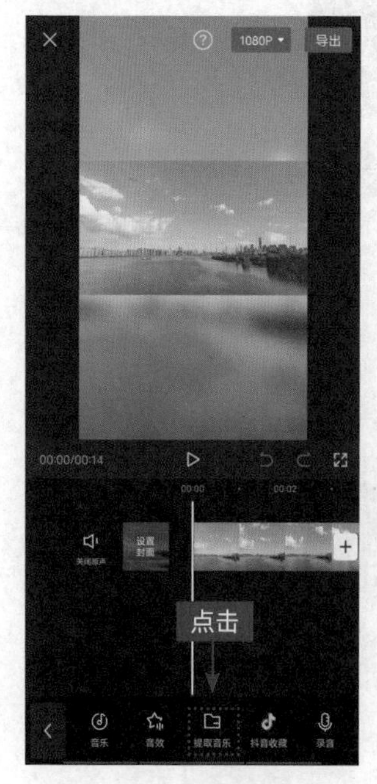

图4-34 点击“提取音乐”按钮

图4-35 提取视频的声音

步骤 3 点击“音频”按钮，在弹出的面板中点击“提取音乐”按钮，如图4-34所示。

步骤 4 ❶选择一段视频素材；❷点击“仅导入视频的声音”按钮，如图4-35所示，提取视频的声音。

步骤 5　点击“文字”按钮，如图 4-36 所示。

步骤 6　❶点击“识别歌词”按钮；❷在弹出的面板中点击“开始识别”按钮，识别歌词，如图 4-37 所示。

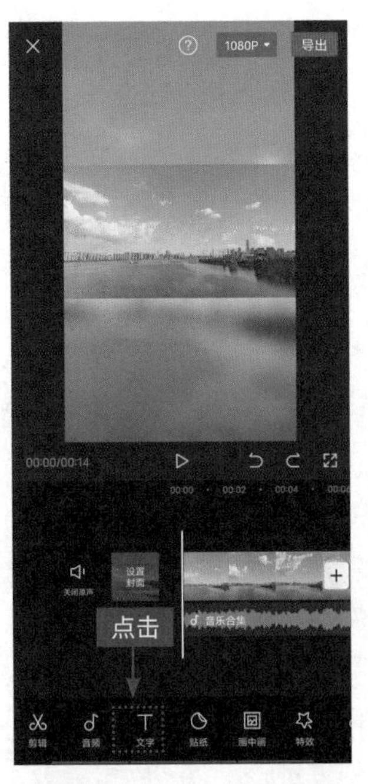

图 4-36　点击“文字”按钮

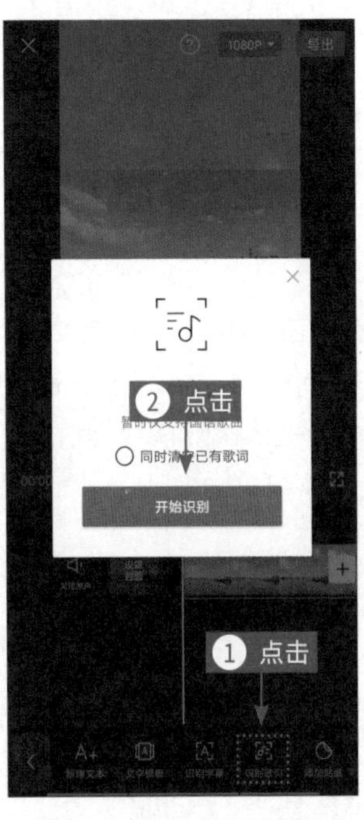

图 4-37　点击“开始识别”按钮

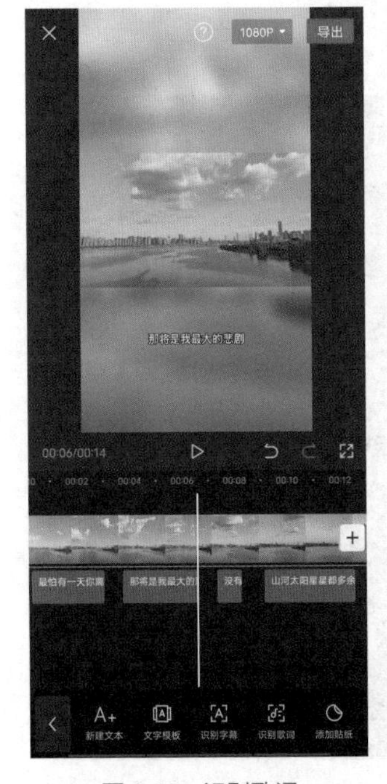

图 4-38　识别歌词

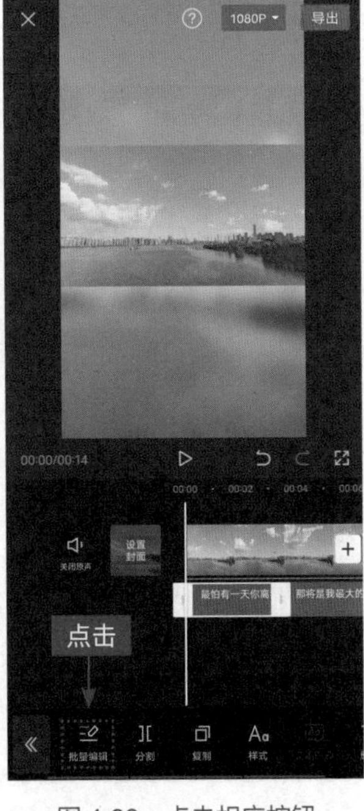

图 4-39　点击相应按钮

步骤 7　识别出来的歌词如图 4-38 所示。

步骤 8　选择歌词内容，点击“批量编辑”按钮，对提取的歌词字幕进行批量编辑，如图 4-39 所示。

步骤 9 为文字设置喜欢的字体、颜色和动画效果，并调整文字的位置和大小，点击✓按钮确认操作，如图 4-40 所示。

步骤 10 根据音频中的歌词，适当调整各段文字轨道的持续时间，如图 4-41 所示。

图 4-40 设置歌词样式

图 4-41 调整持续时间

步骤 11 点击右上角的“导出”按钮，导出并播放视频，效果如图 4-42 所示。

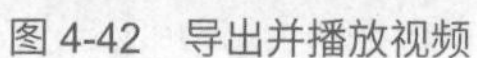

图 4-42 导出并播放视频

第 20 课 | 花字贴纸

挥挥手就能召唤彩虹

【效果展示】 在剪映 App 中，可根据歌词内容添加花字和贴纸，制作挥手召唤彩虹的特效，让视频内容更加生动有趣，效果如图 4-43 所示。

扫码看案例效果

扫码看教学视频

图 4-43　花字贴纸效果展示

下面介绍在剪映 App 中制作挥手召唤彩虹特效的具体操作方法。

步骤 1 在剪映 App 中导入视频素材，点击“音频”按钮，如图 4-44 所示，为视频添加对应的背景音乐。

步骤 2 对音乐进行剪辑处理，设置音乐轨道与视频轨道一样长，如图 4-45 所示。

图 4-44 点击“音频”按钮

图 4-45 剪辑背景音乐

图 4-46 选择花字样式

图 4-47 调整文字位置与大小

步骤 3 点击“文字”按钮，添加与背景音乐对应的歌词文字，选择好合适的花字样式，并调整文字的位置与大小，如图 4-46 所示。

步骤 4 用与上方同样的方法，为视频添加剩下的歌词文字，选择动画样式，并调整文字的位置与大小，如图 4-47 所示。

步骤 5　点击“贴纸”按钮，如图 4-48 所示。

步骤 6　在弹出的面板中点击“添加贴纸”按钮，如图 4-49 所示。

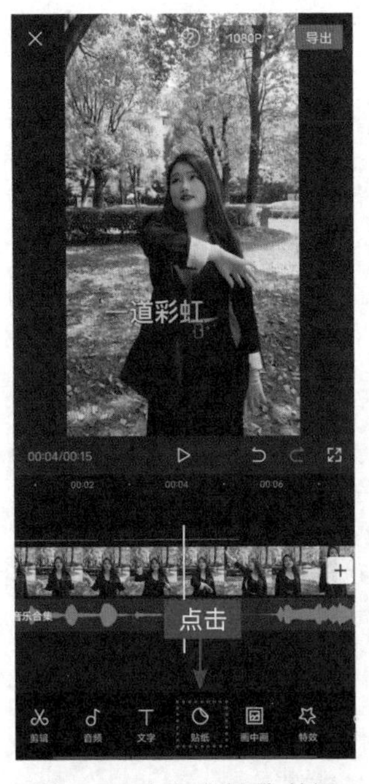

图 4-48　点击“贴纸”按钮

图 4-49　点击“添加贴纸”按钮

图 4-50　选择彩虹贴纸

图 4-51　调整贴纸的位置和大小

步骤 7　❶输入“彩虹”并搜索贴纸；❷选择一款彩虹贴纸；❸微调贴纸的位置与大小，如图 4-50 所示。

步骤 8　❶调整贴纸在轨道中的位置和持续时间；❷根据画面调整贴纸的位置和大小，如图 4-51 所示。

步骤 9 根据歌词内容和视频中人物的动作，为视频添加第二款彩虹贴纸样式，如图 4-52 所示。

步骤 10 ❶调整贴纸在轨道中的位置和持续时间；❷再根据画面调整贴纸的位置和大小，如图 4-53 所示。

图 4-52 添加彩虹贴纸

图 4-53 调整贴纸的持续时间与位置

步骤 11 点击右上角的“导出”按钮，导出并播放视频，效果如图 4-54 所示。

图 4-54 导出并播放视频

第 5 章

动感音效——音频剪辑

本章要点

音频是短视频中不可或缺的内容元素，选择好的背景音乐或者语音旁白，能够让你的作品不费吹灰之力就能上热门。本章主要介绍动感音效的制作方法，包括添加音频、裁剪音频、变声效果、提取音乐以及自动踩点等内容，学会这些音频的剪辑操作，将为你的短视频增加更多亮点。

第 21 课 | 添加音频

音乐和音效，想加就加

【效果展示】 在剪映 App 中，可以添加各种背景音乐和音效，让视频不再单调，效果如图 5-1 所示。

图 5-1　添加音频和音效效果展示

下面介绍在剪映 App 中为视频添加音乐和音效的具体操作方法。

步骤 1　在剪映 App 中导入一段视频素材，点击“音频”按钮，如图 5-2 所示。

步骤 2　在弹出的面板中点击“音乐”按钮，如图 5-3 所示。

图 5-2　点击“音频”按钮

图 5-3　点击“音乐”按钮

图 5-4　导入“我的收藏”音乐

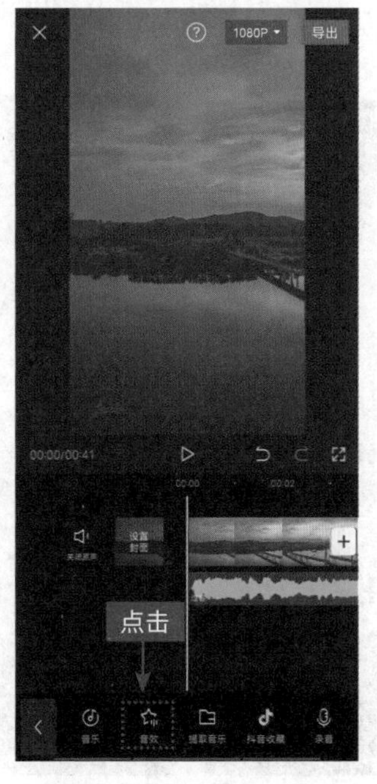

图 5-5　点击“音效”按钮

步骤 3　进入“添加音乐”界面，❶切换至“我的收藏”选项卡，在下方列表中选择相应的音频素材；❷点击“使用”按钮，如图 5-4 所示。

步骤 4　添加背景音乐后，点击“音效”按钮，如图 5-5 所示。

步骤 5 ❶在弹出的界面中切换至“机械”选项卡；❷下载并使用“打字声”音效，如图 5-6 所示。

步骤 6 把背景音乐轨道中的音乐移动到音效轨道后面，如图 5-7 所示。

图 5-6 使用“打字机”音效

图 5-7 移动音乐轨道中的音乐

步骤 7 点击右上角的“导出”按钮，导出并播放视频，如图 5-8 所示。

图 5-8 导出并播放视频

第 22 课 | 裁剪音频

让视频更加“声”动

【效果展示】 在剪映 App 中，可以对添加的背景音乐进行裁剪处理，让音乐与视频更加适配，效果如图 5-9 所示。

扫码看案例效果

扫码看教学视频

图 5-9 裁剪音频效果展示

下面介绍在剪映 App 中裁剪音频的具体操作方法。

步骤 1 在上一例效果的基础上，❶拖曳时间轴，将其移至视频的结尾处；❷选择音频轨道，如图 5-10 所示。

步骤 2 点击“分割”按钮，即可分割音频，如图 5-11 所示。

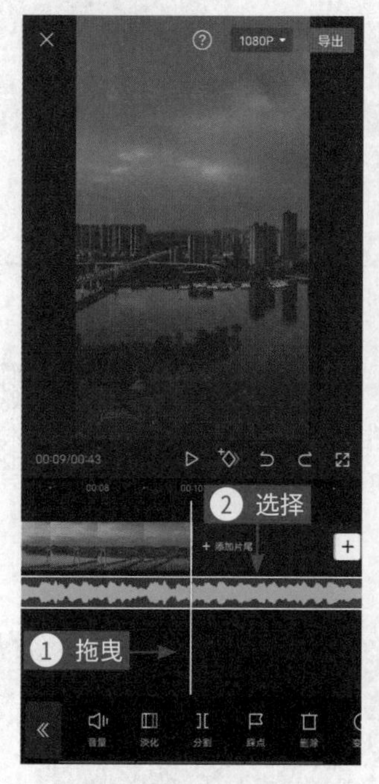

图 5-10 选择音频轨道

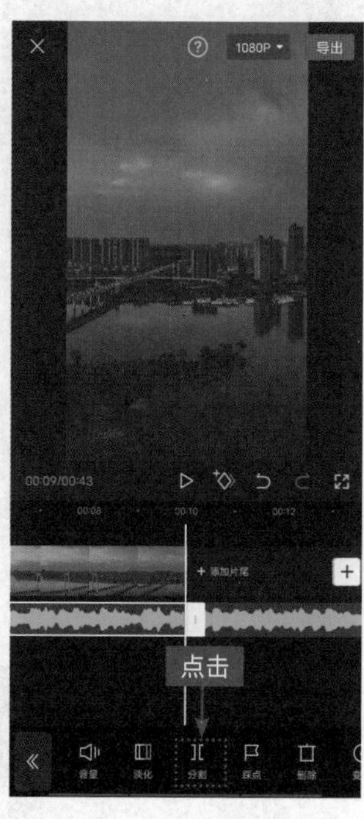

图 5-11 分割音频

图 5-12 删除多余的音频

图 5-13 点击“淡化”按钮

步骤 3 选择第二段音频，点击“删除”按钮，删除多余音频，如图 5-12 所示。

步骤 4 ❶选择该段音频；❷点击“淡化”按钮，如图 5-13 所示。

步骤 5 进入淡化界面，分别设置“淡入时长”和“淡出时长”为1s，如图 5-14 所示。

步骤 6 点击“音量”按钮，设置音量为200，如图 5-15 所示。

图 5-14 设置淡化时长

图 5-15 设置音量数值

步骤 7 点击右上角的“导出”按钮，导出并播放视频，如图 5-16 所示。

图 5-16 导出并播放视频

第 23 课 | 变声效果

让你的声音换个样子

【效果展示】 在剪映 App 中，可以对音频进行变声处理，不仅可以给观众神秘感，还能让视频更加有趣，效果如图 5-17 所示。

扫码看案例效果

扫码看教学视频

图 5-17 变声效果展示

下面介绍在剪映 App 中对音频进行变声处理的具体操作方法。

步骤 1 在剪映 App 中导入一段视频素材，并录制一段声音，❶选中录音轨道；❷点击“变声”按钮，如图 5-18 所示。

步骤 2 在“变声”界面中，可以选择合适的变声效果，❶这里选择“男生”变声效果；❷点击✓按钮后确认操作，如图 5-19 所示。

图 5-18　点击“变声”按钮

图 5-19　选择“男生”变声

步骤 3 点击右上角的“导出”按钮，导出并播放视频，如图 5-20 所示。

图 5-20　导出并播放视频

第 24 课 | 提取音乐

轻松获取其他背景音乐

【效果展示】 当不知道其他视频中背景音乐的歌曲名称时，可以利用提取音乐功能提取其他视频中的背景音乐，应用到当前视频画面中，效果如图 5-21 所示。

扫码看案例效果

扫码看教学视频

图 5-21　提取音乐效果展示

下面介绍在剪映 App 中提取视频中的背景音乐的具体操作方法。

步骤 1　在剪映 App 中导入一段视频素材，点击“音频”按钮，如图 5-22 所示。

步骤 2　在弹出的面板中点击“提取音乐”按钮，如图 5-23 所示。

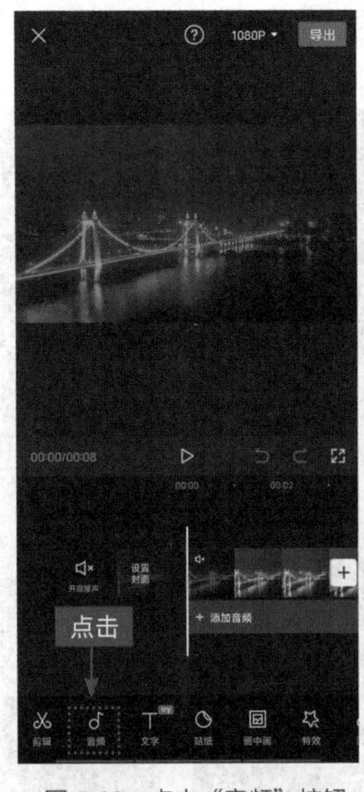

图 5-22　点击“音频”按钮

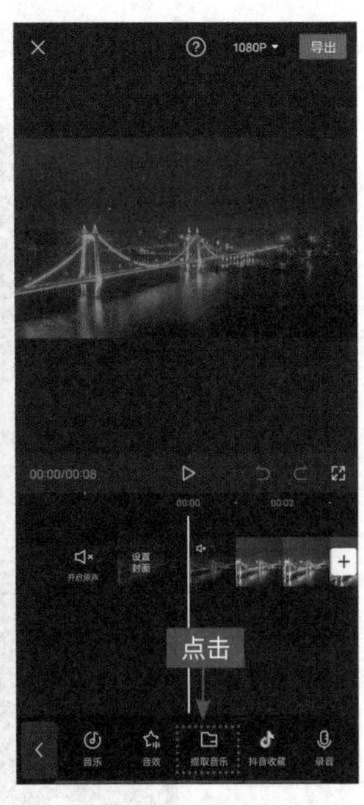

图 5-23　点击“提取音乐”按钮

图 5-24　点击相应按钮

图 5-25　提取并导入背景音乐

步骤 3　进入照片视频界面，❶选择要提取音乐的视频文件；❷点击“仅导入视频的声音”按钮，如图 5-24 所示。

步骤 4　执行操作后，即可提取并导入其他视频中的背景音乐，如图 5-25 所示。

步骤 5 点击右上角的“导出”按钮，导出并播放视频，如图 5-26 所示。

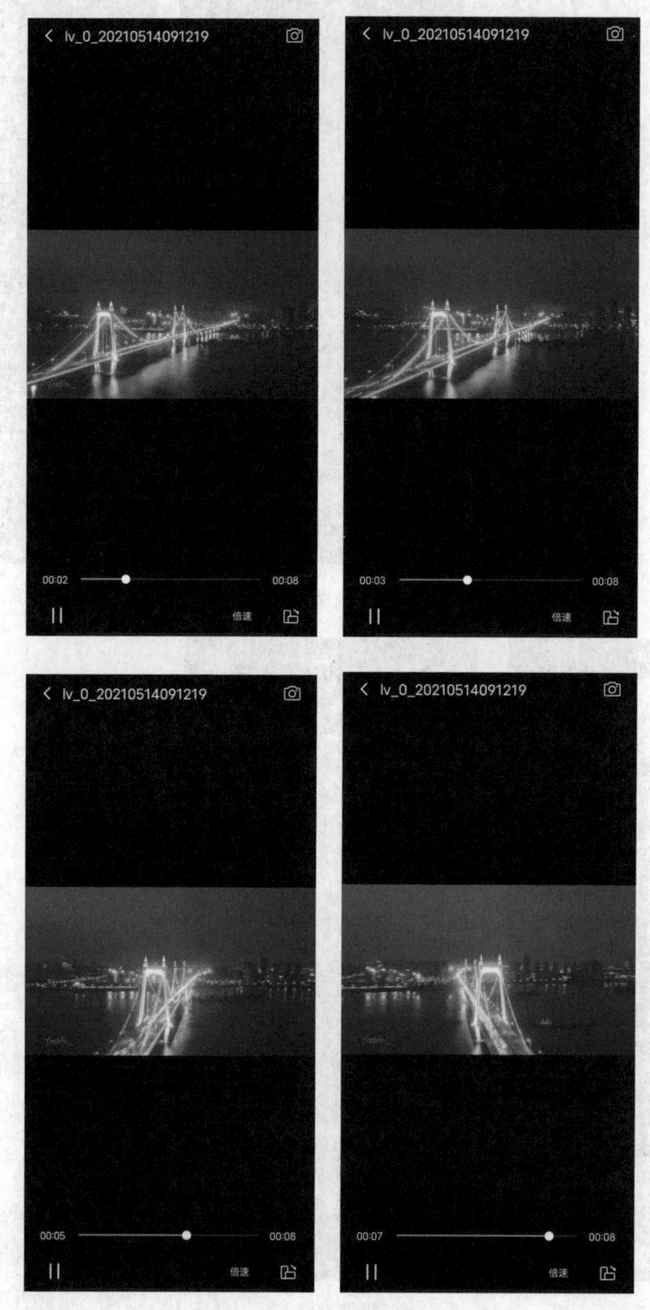

图 5-26 导出并播放视频

第 25 课 | 自动踩点

跟着音乐节点一起抖动

【效果展示】 在剪映 App 中能够一键标出背景音乐的节点，让你的视频自动踩点，节奏更加有节拍，效果如图 5-27 所示。

扫码看案例效果

扫码看教学视频

图 5-27 自动踩点效果展示

下面介绍在剪映 App 中自动踩点的具体操作方法。

步骤 1 在剪映 App 中导入 6 张照片素材，并添加相应的卡点背景音乐，如图 5-28 所示。

步骤 2 ❶选择该段音频；❷点击“踩点”按钮，如图 5-29 所示。

图 5-28 添加卡点背景音乐

图 5-29 点击“踩点”按钮

图 5-30 开启自动踩点功能

图 5-31 添加对应小黄点

步骤 3 进入“踩点”界面，❶开启“自动踩点”功能；❷并选择“踩节拍 I”选项，如图 5-30 所示。

步骤 4 点击✓按钮，即可在音乐鼓点的位置添加对应的点，如图 5-31 所示。

步骤 5 调整视频的持续时间，将每段视频的长度对齐音频中的黄色小圆点，如图 5-32 所示。

步骤 6 点击“动画”按钮，为所有的视频片段添加“向下甩入”动画效果，如图 5-33 所示。

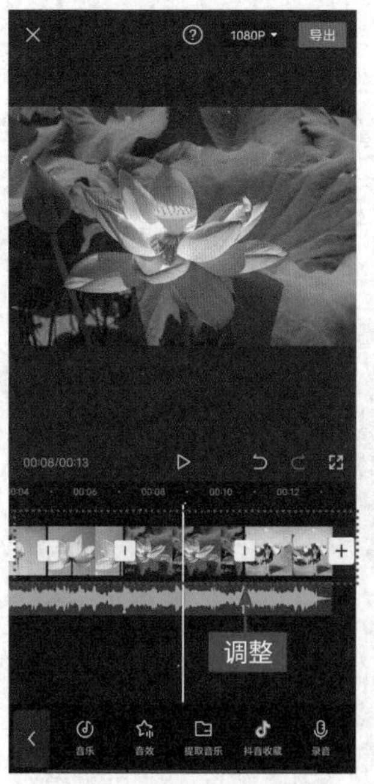

图 5-32 调整视频的持续时长

图 5-33 添加相应的动画效果

步骤 7 点击右上角的“导出”按钮，导出并播放视频，效果如图 5-34 所示。

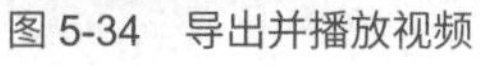

图 5-34 导出并播放视频

第 6 章

节奏大师——卡点视频

本章要点

卡点视频是非常火爆的一种短视频类型，其制作方法相比其他视频要容易，而且效果非常好。卡点视频最重要的是对音乐的把控。本章主要介绍灯光卡点、抖动卡点、渐变卡点、滤镜卡点以及立体卡点 5 种热门卡点案例的制作方法，帮助读者快速制作百万点赞的短视频。

第 26 课 | 灯光卡点

随着卡点切换灯光形状

【效果展示】 在剪映 App 中，可以利用各种蒙版样式做出切换各种形状灯光的卡点视频，效果如图 6-1 所示。

扫码看案例效果

扫码看教学视频

图 6-1 灯光卡点效果展示

下面介绍在剪映 App 中制作卡点视频的具体操作方法。

步骤 1 在剪映 App 中导入一张照片素材，并为素材添加“牛皮纸”滤镜效果，如图 6-2 所示。

步骤 2 添加背景音乐后调整视频轨道的时长，点击“踩点”按钮，开启“踩节拍 II”自动踩点，如图 6-3 所示。

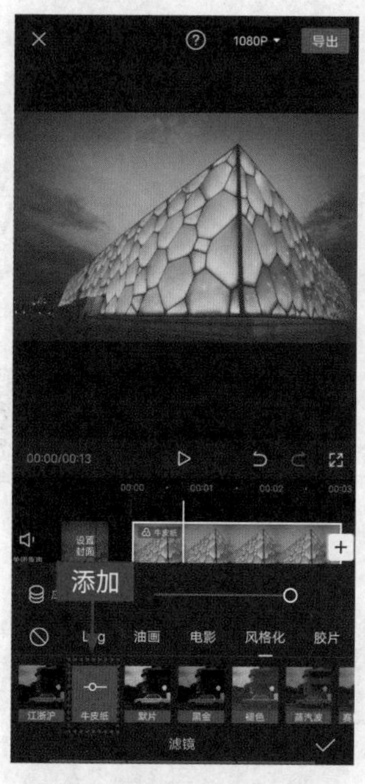

图 6-2 添加“牛皮纸”滤镜

图 6-3 开启自动踩点

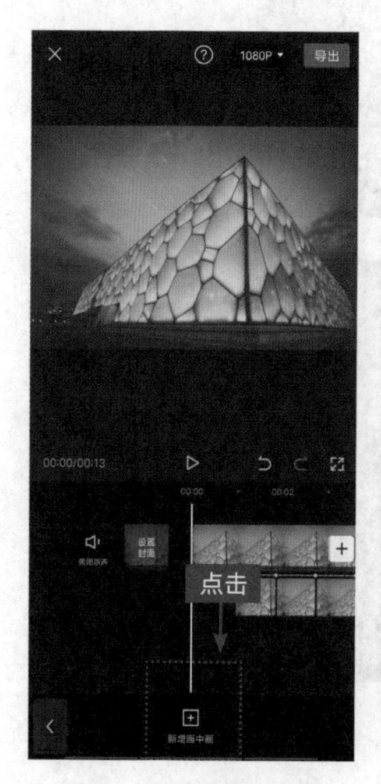

图 6-4 删除分割的素材

图 6-5 点击“蒙版”按钮

步骤 3 在视频起始位置点击“新增画中画”按钮，添加同一段素材，调整并对齐画面，对齐小黄点并分割素材，最后删除第一小段分割的素材，如图 6-4 所示。

步骤 4 ❶在画中画轨道中选择相应的素材；❷点击“蒙版”按钮，如图 6-5 所示。

步骤 5 ❶在“蒙版”界面中点击“线性”按钮；❷调整黄色蒙版线的角度和位置，如图 6-6 所示。

步骤 6 为剩下的十几段素材添加不同的蒙版样式，以达到跟着音乐就能切换灯光形状卡点的效果，如图 6-7 所示。

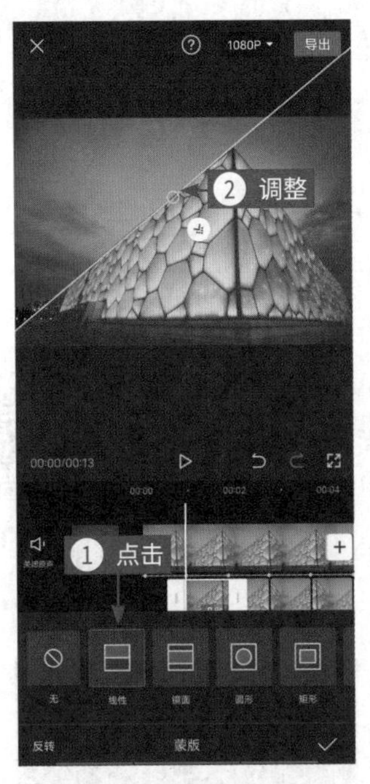

图 6-6　调整蒙版位置

图 6-7　添加蒙版样式

步骤 7 点击右上角的“导出”按钮，导出并播放视频，效果如图 6-8 所示。

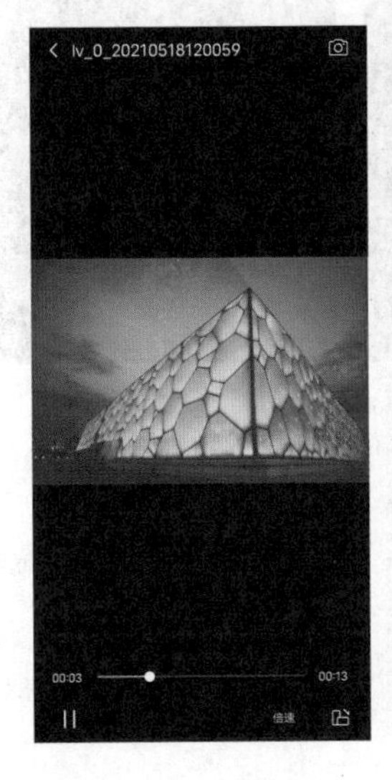

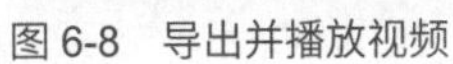

图 6-8　导出并播放视频

第 27 课 | 抖动卡点

跟着音乐，抖动起来

【效果展示】 抖动卡点的关键是为素材添加抖动的动画效果，从而让素材跟着音乐节拍进行抖动出场，效果如图 6-9 所示。

扫码看案例效果

扫码看教学视频

图 6-9 抖动卡点效果展示

下面介绍在剪映 App 中制作抖动卡点视频的具体操作方法。

步骤 1 在剪映 App 中导入 8 张照片素材，添加卡点音乐后，点击“踩点”按钮，根据音乐节奏手动添加 7 个小黄点，如图 6-10 所示。

步骤 2 将 8 段素材分别对齐每个小黄点内对应的音乐轨道段落，最后删除不需要的音乐，如图 6-11 所示。

图 6-10　添加上 7 个小黄点

图 6-11　对齐音乐轨道段落

图 6-12　添加“旋转降落”动画

图 6-13　添加动画效果

步骤 3 选择第一段素材，为其添加“旋转降落”动画效果，如图 6-12 所示。

步骤 4 为剩下的 7 段素材分别添加“上下抖动”或者“左右抖动”的动画效果，如图 6-13 所示。

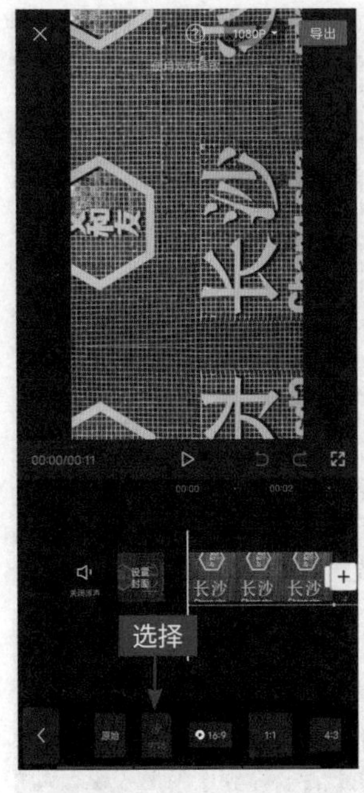

图 6-14　选择 9 ：16 选项

图 6-15　设置画布模糊样式

步骤 5　移动时间轴至视频起始位置，点击“比例”按钮，在弹出的面板中选择9 ：16选项，如图 6-14 所示。

步骤 6　点击“背景”按钮，为 8 段素材设置统一的画布模糊样式，如图 6-15 所示。

步骤 7　点击右上角的“导出”按钮，导出并播放视频，效果如图 6-16 所示。

图 6-16　导出并播放视频

第 28 课 | 渐变卡点

几秒就能黑白变彩色

【效果展示】 渐变卡点即跟着音乐的卡点变换色彩，如图 6-17 所示。

图 6-17　色彩渐变卡点效果展示

下面介绍在剪映 App 中制作色彩渐变卡点视频的具体操作方法。

步骤 1　在剪映 App 中导入 6 张照片素材，并为每个素材添加“默片”滤镜效果，如图 6-18 所示。

步骤 2　添加卡点音乐后，点击“踩点”按钮，根据音乐节奏手动添加 7 个小黄点，如图 6-19 所示。

图 6-18　添加“默片”滤镜

图 6-19　手动踩点

步骤 3　调整 6 段素材的轨道时长，对准卡点音乐上的每个小黄点，如图 6-20 所示。

步骤 4　❶拖曳时间轴至第二个小黄点的位置处；❷点击“画中画”按钮，如图 6-21 所示。

图 6-20　调整素材轨道时长

图 6-21　点击“画中画”按钮

步骤 5　为 6 段素材依次添加与主轨道一样的素材，并调整画面的大小，再调整画中画轨道中素材的时长，如图 6-22 所示。

步骤 6　为画中画轨道中的 6 段素材添加自己喜欢的滤镜，如图 6-23 所示。

图 6-22　调整轨道时长

图 6-23　添加滤镜

步骤 7　点击右上角的“导出”按钮，导出并播放视频，效果如图 6-24 所示。

图 6-24　导出并播放视频

第 29 课 | 滤镜卡点

给古风建筑“换衣服”

【效果展示】 在剪映 App 中导入古风建筑原图和滤镜图，让原图素材跟着音乐卡点变换出滤镜素材，从而达到滤镜卡点的效果，如图 6-25 所示。

扫码看案例效果

扫码看教学视频

图 6-25　滤镜卡点效果展示

下面介绍在剪映 App 中制作古风建筑卡点视频的具体操作方法。

步骤 1　在剪映 App 中导入 5 张原照片素材和 5 张添加滤镜后的素材，并添加卡点音乐，开启自动踩点，在踩点界面中选择“踩节拍 II”选项，如图 6-26 所示。

步骤 2　使 10 段素材分别对齐每个小黄点内对应的音乐轨道段落，最后删除不需要的音乐，如图 6-27 所示。

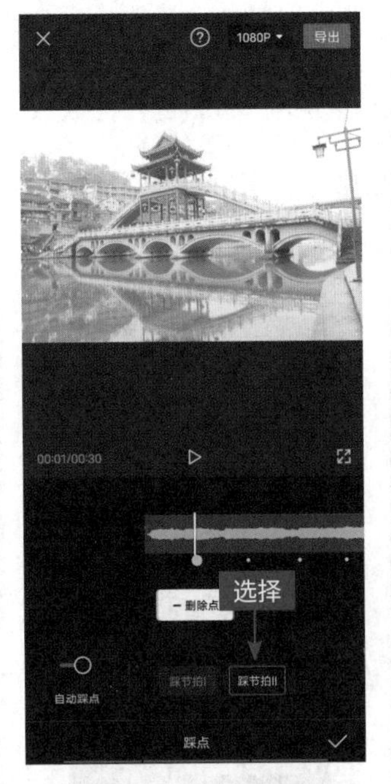

图 6-26　开启自动踩点

图 6-27　对齐音乐轨道段落

图 6-28　添加转场效果

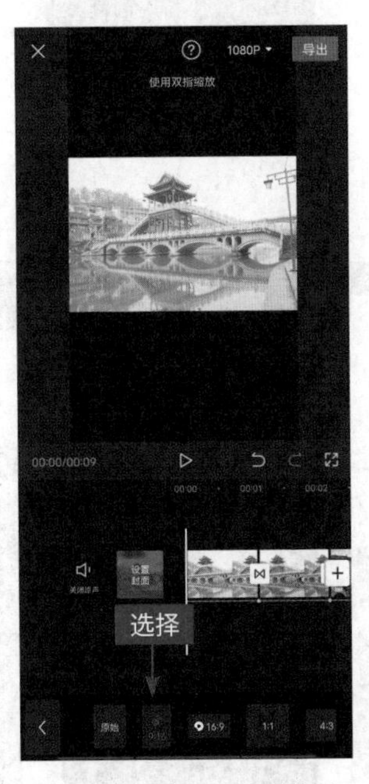

图 6-29　选择 9 ∶ 16 选项

步骤 3　点击转场按钮，为每段素材之间添加相应的转场效果，如图 6-28 所示。

步骤 4　点击“比例”按钮，在弹出的面板中选择 9 ∶ 16 选项，如图 6-29 所示。

步骤 5　为每段素材统一添加画布模糊背景，如图 6-30 所示。

步骤 6　根据自己的喜好为素材添加各种特效效果，如图 6-31 所示。

步骤 7　点击文字面板中的“识别歌词”按钮，自动识别歌词，并为歌词文字设置相应的字体、颜色和动画，调整歌词文字的大小和位置，如图 6-32 所示。

图 6-30　添加画布模糊背景

图 6-31　添加特效

图 6-32　自动识别歌词

步骤 8　点击右上角的“导出”按钮，导出并播放视频，效果如图 6-33 所示。

图 6-33　导出并播放视频

第30课 | 立体卡点

旋转的立体方块停不下来

【效果展示】 利用蒙版和动画特效能做出立方体效果，从而根据卡点音乐做出炫酷的立体方块旋转卡点视频，如图 6-34 所示。

扫码看案例效果

扫码看教学视频

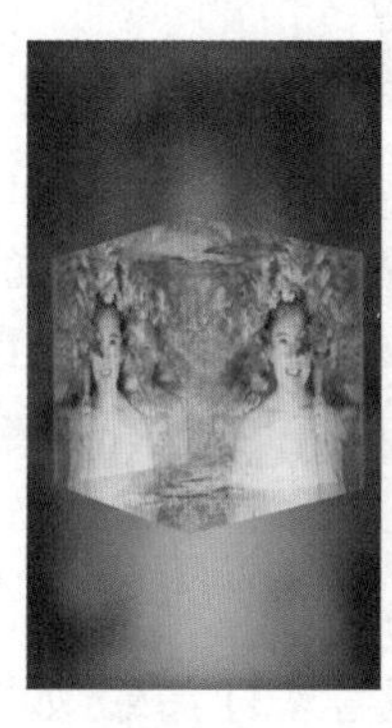

图 6-34　立体卡点效果展示

下面介绍在剪映 App 中制作立体方块旋转视频的具体操作方法。

步骤 1 在剪映 App 中导入 6 张照片素材，添加卡点音乐后，点击“踩点”按钮，根据音乐节奏手动添加 6 个小黄点，如图 6-35 所示。

步骤 2 使 6 段素材分别对齐每个小黄点内对应的音乐轨道段落，最后删除不需要的音乐，如图 6-36 所示。

图 6-35　手动踩点

图 6-36　对齐音乐轨道段落

步骤 3 点击“比例”按钮，在弹出的面板中选择 9 ：16 选项，如图 6-37 所示。

步骤 4 点击“背景”按钮，为每段素材统一添加画布模糊背景，如图 6-38 所示。

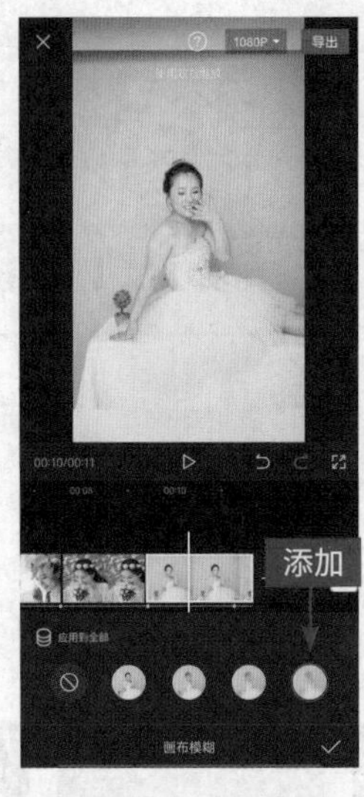

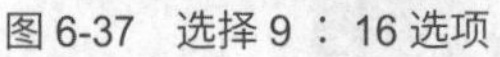

图 6-37 选择 9 ：16 选项　　图 6-38 添加画布模糊背景

步骤 5 ❶选择第一段素材；❷在“蒙版”界面中点击“镜面”按钮；❸在预览区域旋转蒙版，使其垂直，并拖曳«按钮，将羽化值拉到最大，如图 6-39 所示。用同样的操作方法为其他素材添加“镜面”蒙版效果。

步骤 6 分别为 6 段素材统一添加“立方体”组合动画，如图 6-40 所示。

步骤 7 根据自己的喜好，在素材上添加自己喜欢的特效，如图 6-41 所示。

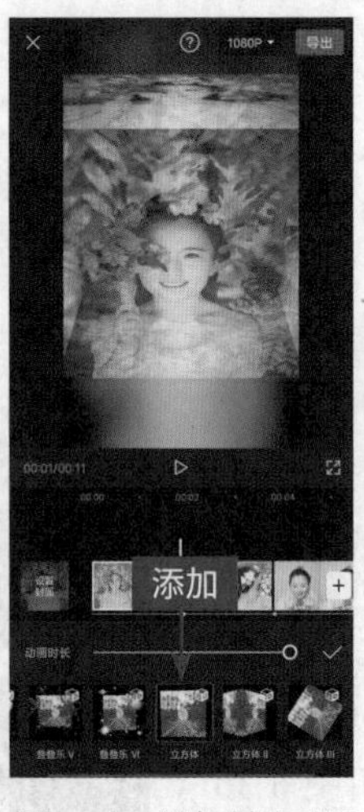

图 6-39 将羽化值拉到最大　　图 6-40 添加组合动画　　图 6-41 添加特效

步骤 8　点击右上角的“导出”按钮，导出并播放视频，效果如图 6-42 所示。

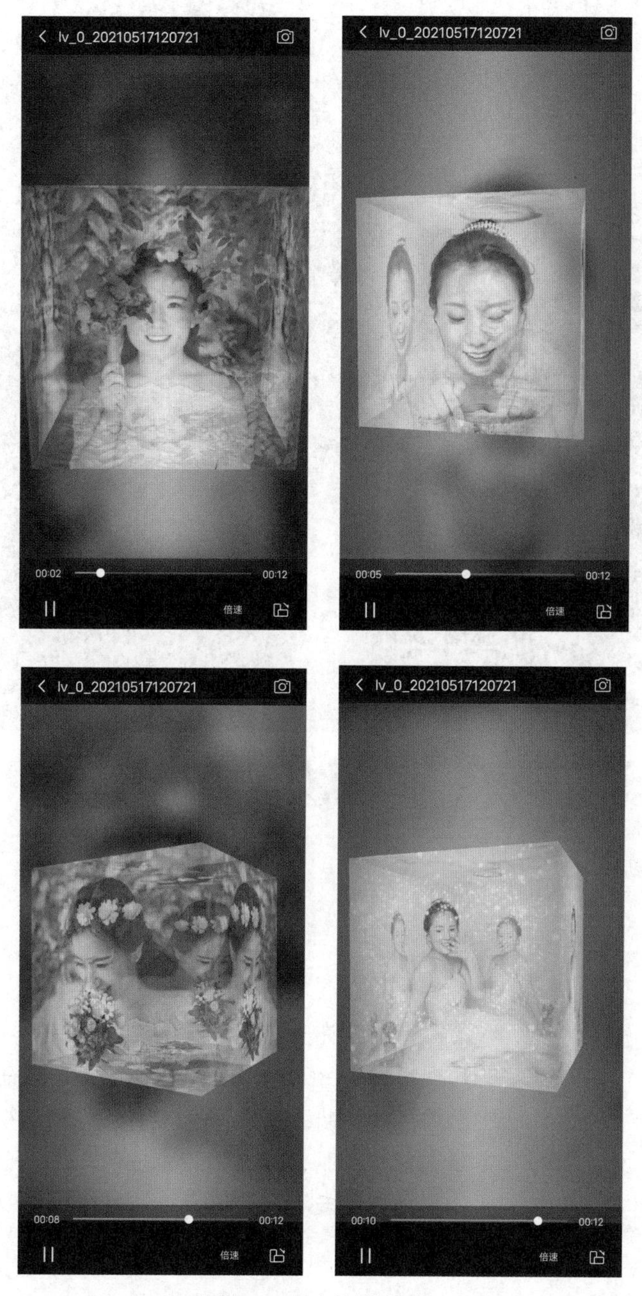

图 6-42　导出并播放视频

第 7 章

视觉盛宴——炫酷特效

本章要点

抖音上有许多热门、好玩的视频特效，想让自己的短视频和 Vlog 也拥有这些效果吗？可以在剪映 App 中使用各种贴纸、转场和特效制作出炫酷的视频效果。本章主要介绍制作多屏特效、金粉开幕、心河特效、人物封面以及爱心特效这 5 种炫酷视频特效的具体操作方法。

第31课 | 多屏特效

将屏幕一分为三

【效果展示】 在剪映 App 中可以利用画中画功能做出三分屏特效视频，其优点是可以让横版视频变为多屏竖版视频，如图 7-1 所示。

图 7-1 多屏特效效果展示

下面介绍在剪映 App 中制作多屏特效的具体操作方法。

步骤 1 在剪映 App 中导入一段视频素材，点击“比例”按钮，在弹出的面板中选择 9 ：16 选项，如图 7-2 所示。

步骤 2 回到主界面，点击“画中画”按钮，在弹出的面板中点击“新增画中画”按钮，如图 7-3 所示。

图 7-2 选择 9 ：16 选项

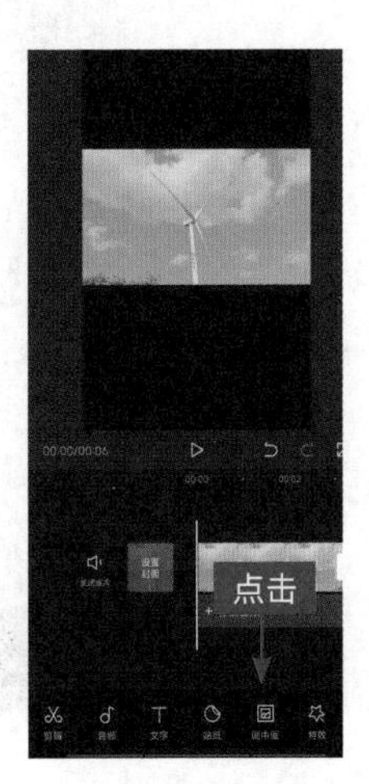

图 7-3 点击相应按钮

图 7-4　添加同一段素材

图 7-5　调整每段素材的大小

步骤 3　添加同一段素材，并重复该操作一次，如图 7-4 所示。

步骤 4　调整 3 段素材在预览区画面中的大小，做成三分屏的效果，最后添加合适的背景音乐，如图 7-5 所示。

步骤 5　点击右上角的“导出”按钮，导出并播放视频，效果如图 7-6 所示。

图 7-6　导出并播放视频

第 32 课 | 金粉开幕

“她的眼睛会唱歌”

【效果展示】 根据“她的眼睛会唱歌”这句歌词，添加金粉特效和开幕特效，做出相应的特效视频，让你的素材不仅有主题，也更美观，效果如图 7-7 所示。

扫码看案例效果

扫码看教学视频

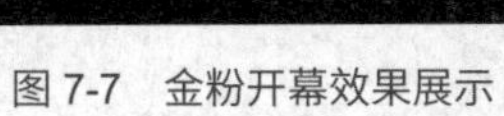

图 7-7　金粉开幕效果展示

下面介绍在剪映 App 中制作“她的眼睛会唱歌”特效的具体操作方法。

图 7-8　选择 9 ∶ 16 选项

图 7-9　设置画布模糊背景

步骤 1　在剪映 App 中导入一张照片素材，点击“比例”按钮，在弹出的面板中选择 9 ∶ 16 选项，如图 7-8 所示。

步骤 2　点击“背景”按钮，为素材设置画布模糊背景样式，如图 7-9 所示。

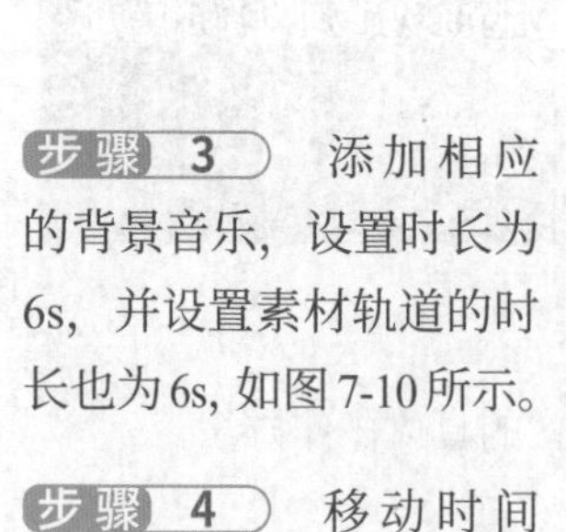

步骤 3　添加相应的背景音乐，设置时长为 6s，并设置素材轨道的时长也为 6s，如图 7-10 所示。

步骤 4　移动时间轴至视频起始位置，❶添加“开幕”特效；❷点击“导出”按钮导出视频，如图 7-11 所示。

图 7-10　添加背景音乐

图 7-11　添加“开幕”特效

步骤 5 在剪映 App 中导入上一步导出的视频后，为整段视频添加“金粉”特效，如图 7-12 所示。

步骤 6 根据歌词内容添加相应的文字，设置喜欢的字体、颜色和动画，并调整文字的大小和位置，如图 7-13 所示。

图 7-12　添加“金粉”特效

图 7-13　调整文字的大小和位置

步骤 7 点击右上角的“导出”按钮，导出并播放视频，效果如图 7-14 所示。

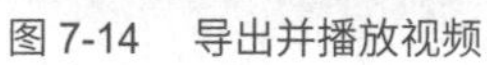
图 7-14　导出并播放视频

第 33 课 | 心河特效

打几个响指，出一条“河”

【效果展示】为拍好的视频添加贴纸和特效能让视频更有趣。当然，根据视频内容添加合适的贴纸和特效是关键，如图 7-15 所示。

扫码看案例效果

扫码看教学视频

图 7-15　心河特效效果展示

下面介绍在剪映 App 中制作心河特效的具体操作方法。

步骤 1 在剪映 App 中导入一段拍好的打响指并拍肩膀的视频素材，在拍肩膀处分割视频，如图 7-16 所示。

步骤 2 选择第二段素材，并设置 0.2x 常规变速效果，如图 7-17 所示。

图 7-16 分割视频

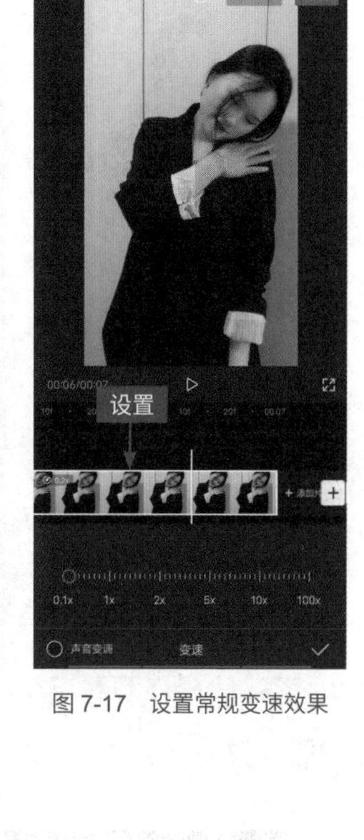

图 7-17 设置常规变速效果

图 7-18 剪辑轨道时长

图 7-19 添加贴纸

步骤 3 添加背景音乐，然后根据歌词内容，设置视频轨道和音乐轨道的时长为 6s，如图 7-18 所示。

步骤 4 在视频打响指处添加“炸开”贴纸选项卡中的一款爆炸贴纸，如图 7-19 所示。

图 7-20　调整贴纸

图 7-21　添加特效

步骤 5　在剩下的两段打响指处复制同款贴纸轨道，并调整其大小、位置和时长，如图 7-20 所示。

步骤 6　为打响指片段添加“模糊”特效，另外在拍肩膀片段添加“心河”特效，如图 7-21 所示。

步骤 7　点击右上角的“导出”按钮，导出并播放视频，效果如图 7-22 所示。

图 7-22　导出并播放视频

第 34 课 | 人物封面

小说中才有的封面效果

扫码看案例效果

扫码看教学视频

【效果展示】 做出小说封面视频特效的关键在于提前准备一张漫画照片，然后添加相应的小说标题文字, 效果如图 7-23 所示。

图 7-23 人物封面效果展示

下面介绍在剪映 App 中制作小说封面视频的具体操作方法。

步骤 1 在抖音 App 相机中的影集选项里，套用小说封面模板，制作一张漫画照片素材，如图 7-24 所示。

步骤 2 在剪映 App 中导入原素材和漫画素材后，添加卡点音乐，并调整素材轨道的时长，从而对齐音乐轨道的时长，如图 7-25 所示。

图 7-24 准备漫画素材

图 7-25 调整素材轨道时长

图 7-26　选择 9 ：16 选项

图 7-27　设置画布模糊背景

步骤 3　点击“比例”按钮，在弹出的面板中选择 9 ：16 选项，如图 7-26 所示。

步骤 4　点击“背景”按钮，为所有素材设置画布模糊背景样式，如图 7-27 所示。

步骤 5　点击转场按钮，在素材之间添加“色差顺时针”转场效果，如图 7-28 所示。

步骤 6　在文字面板中选择一款适合做小说标题的文字模板，如图 7-29 所示。

图 7-28　添加转场效果

图 7-29　选择文字模板

步骤 7　更改文字内容，并调整其大小、位置以及在轨道中的持续时长，如图 7-30 所示。

步骤 8　为视频添加“星河”和“金粉”特效，如图 7-31 所示。

图 7-30　更改文字内容

图 7-31　添加特效

步骤 9　点击右上角的“导出”按钮，导出并播放视频，效果如图 7-32 所示。

图 7-32　导出并播放视频

第 35 课| 爱心特效

你手里的爱心会爆炸

【效果展示】 在剪映 App 中利用各种贴纸和特效能做出爱心爆炸的效果，如图 7-33 所示，在音乐卡点处，红色的爱心会爆炸成小爱心。

扫码看案例效果

扫码看教学视频

图 7-33 爱心特效效果展示

下面介绍在剪映 App 中制作爱心爆炸特效的具体操作方法。

步骤 1 在剪映 App 中导入一段拍好的视频素材，根据导入的卡点音乐，把视频分割成三段，并为第二段伸手的视频素材进行变速处理，如图 7-34 所示。

步骤 2 在第二段与第三段素材中间添加“叠化”转场效果，如图 7-35 所示。

图 7-34 进行变速处理

图 7-35 添加转场效果

步骤 3　在人物伸手处添加“爱心”贴纸，设置“心跳”动画效果，并调整贴纸的大小、位置以及在轨道中的持续时长，如图 7-36 所示。

步骤 4　在人物合手处添加“爱心爆炸”贴纸，并调整贴纸的大小、位置以及在轨道中的持续时长，如图 7-37 所示。

步骤 5　在第一段、第三段素材的对应位置添加相应特效，如图 7-38 所示。

图 7-36　添加“爱心”贴纸

图 7-37　添加相应的贴纸

图 7-38　添加特效

步骤 6　点击右上角的“导出”按钮，导出并播放视频，效果如图 7-39 所示。

图 7-39　导出并播放视频

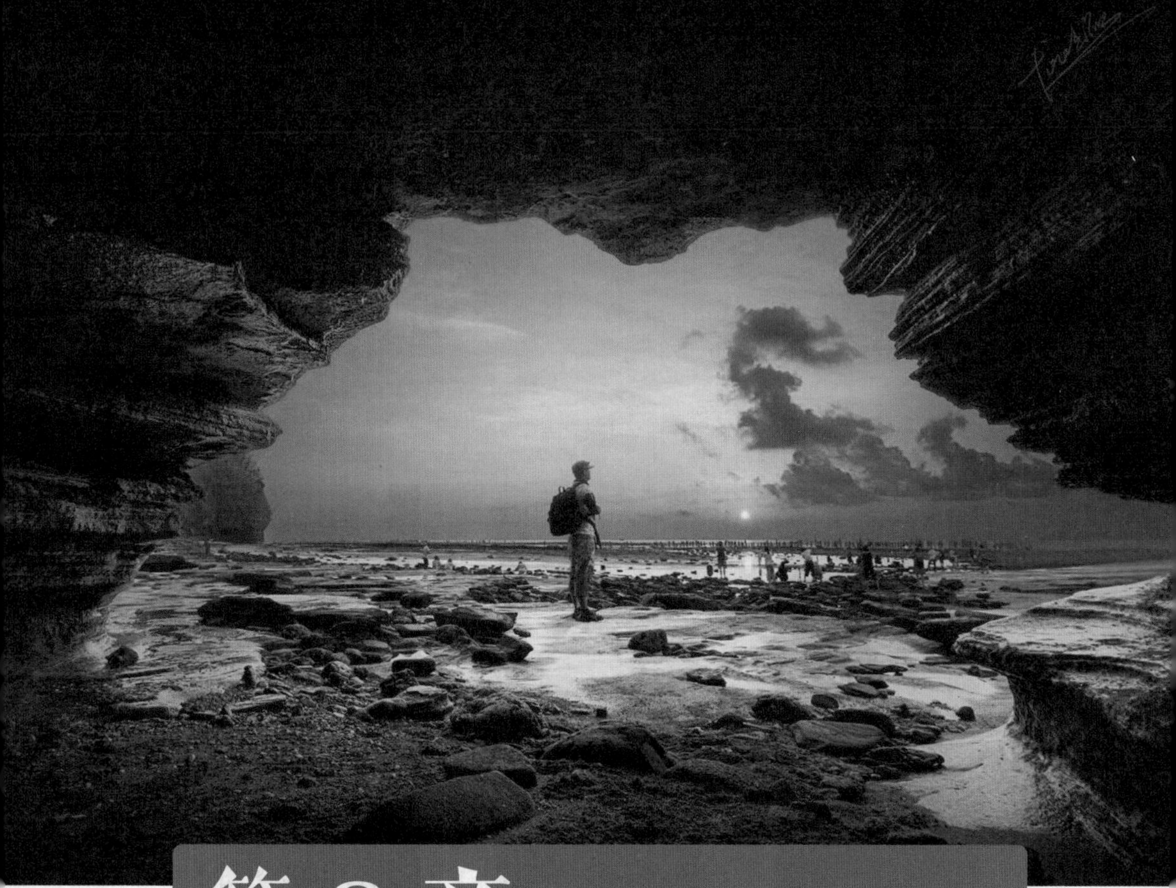

第 8 章

创意大片——蒙版合成

本章要点

在抖音上经常刷到各种有趣又热门的蒙版合成创意视频，画面炫酷又神奇，虽然看起来很难，但只要掌握了本章技巧，相信你也能轻松做出相同的视频效果。本章主要介绍偷走影子、超级月亮、脑海回忆、微信发圈、浪漫表白这 5 种创意大片的蒙版合成技巧，希望读者在案例学习中能够获取实用的方法和技巧。

第 36 课｜偷走影子

花影，被谁偷走了？

【效果展示】 利用蒙版可以制作偷走影子的视频，视频效果就是水杯中的花没有被拿走，但是花的影子却被一只手影拿走了，如图 8-1 所示。

扫码看案例效果

扫码看教学视频

图 8-1　偷走影子的效果展示

下面介绍在剪映 App 中制作花影被偷走的视频的具体操作方法。

步骤 1 在剪映 App 中导入一段手拿走花的视频素材，在视频起始位置处点击“定格”按钮，如图 8-2 所示。

步骤 2 删除第二段不需要的素材，留下第一段素材，点击“画中画”按钮，如图 8-3 所示。

图 8-2 点击“定格”按钮

图 8-3 点击“画中画”按钮

步骤 3 添加同一段视频后，调整第一个视频轨道的持续时长，如图 8-4 所示。

步骤 4 ❶选择第二个视频轨道的素材；❷在“蒙版”界面中点击“线性”按钮；❸在预览区域旋转蒙版，使其盖住手的部分，只露出影子的部分；❹执行操作后点击“导出”按钮，如图 8-5 所示。

图 8-4 调整轨道时长

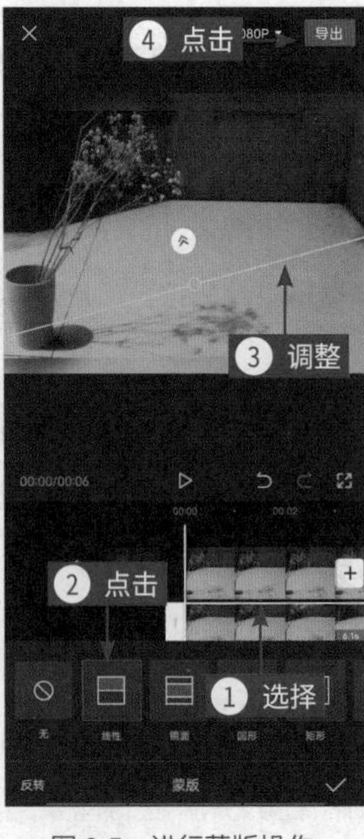

图 8-5 进行蒙版操作

步骤 5　在剪映 App 中导入上一步中导出的视频素材，点击“比例”按钮，在弹出的面板中选择 2 ∶ 1 选项，如图 8-6 所示。

步骤 6　点击“背景”按钮，为视频素材添加画布模糊背景，如图 8-7 所示。

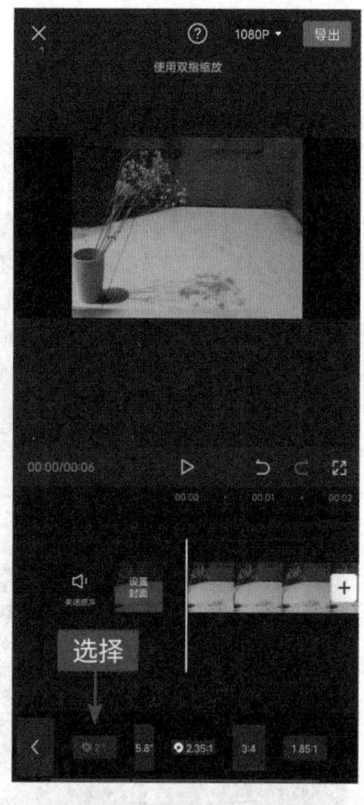

图 8-6　选择 2 ∶ 1 选项

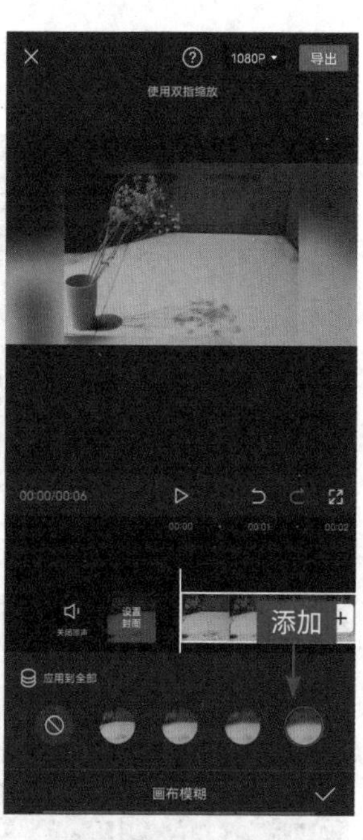

图 8-7　添加画布模糊背景

图 8-8　添加相应文字

图 8-9　添加特效

步骤 7　添加背景音乐后，根据歌词内容添加相应文字，并设置相应的样式，最后导出视频，如图 8-8 所示。

步骤 8　再次导入上一步导出的视频，为整个素材添加“金粉”特效，如图 8-9 所示。

步骤 9 点击右上角的“导出”按钮，导出并播放视频，效果如图 8-10 所示。

图 8-10 导出并播放视频

第 37 课 | 超级月亮

为城市变出一轮大月亮

【效果展示】 超级月亮效果主要使用剪映 App 的超级月亮贴纸功能制作而成，从而在夜景视频画面中合成一个又大又明亮的月亮升空效果，如图 8-11 所示。

扫码看案例效果

扫码看教学视频

图 8-11 超级月亮效果展示

下面介绍在剪映 App 中制作超级月亮视频的具体操作方法。

步骤 1 在剪映 App 中导入一张照片素材，添加背景音乐后，根据歌词调整素材轨道和音乐轨道的时长，如图 8-12 所示。

步骤 2 点击“贴纸”按钮，添加超级月亮贴纸，并调整其大小和位置，最后为该贴纸添加“向上滑动”入场动画，如图 8-13 所示。

图 8-12 调整轨道时长

图 8-13 为贴纸添加入场动画

图 8-14 调整贴纸轨道时长

图 8-15 选择“颜色减淡”选项

步骤 3 调整贴纸轨道的持续时长，使其与视频轨道一样长，并调整动画时长到最大，如图 8-14 所示。

步骤 4 点击“画中画”按钮，添加一张星空照片素材，调整其在轨道中的持续时长和在画面中的位置后，点击“混合模式”按钮，在弹出的面板中选择“颜色减淡”选项，如图 8-15 所示。

步骤 5　在月亮升到最高时的时间处添加“星星坠落”特效，如图 8-16 所示。

步骤 6　为视频添加相应的文字，并设置相应的样式，如图 8-17 所示。

图 8-16　添加特效

图 8-17　添加文字

步骤 7　点击右上角的“导出”按钮，导出并播放视频，效果如图 8-18 所示。

图 8-18　导出并播放视频

第 38 课 | 脑海回忆

天天想着，吃的快来

【效果展示】 要想在脑海中出现回忆美食的画面，可利用蒙版功能对美食进行虚化处理，达到若隐若现的效果，从而在脑海中想象召唤的场景，如图 8-19 所示。

扫码看案例效果

扫码看教学视频

图 8-19 脑海回忆效果展示

下面介绍在剪映 App 中制作脑海回忆视频的具体操作方法。

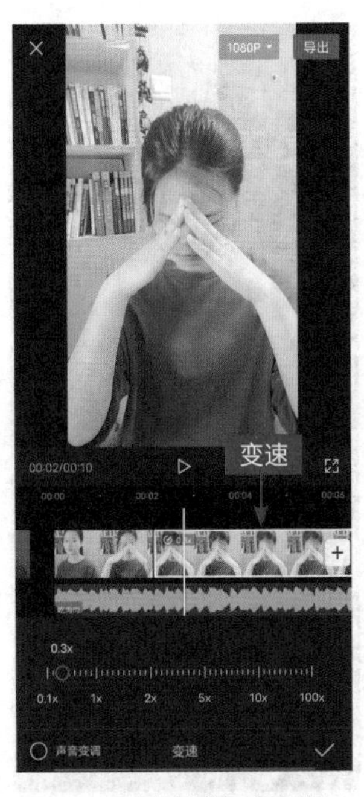

图 8-20　对素材进行变速处理

图 8-21　添加文字模板

步骤 1　在剪映 App 中导入一段拍好的场景视频素材，并导入背景音乐，在视频 2s 处进行分割处理，并对第二段素材进行变速处理，如图 8-20 所示。

步骤 2　调整音乐轨道的时长，然后在视频起始位置添加一款合适的文字模板，并更改文字内容，调整其位置和大小，如图 8-21 所示。

步骤 3　在文字轨道中，调整文字模板的持续时长大约为 1s，如图 8-22 所示。

步骤 4　点击“画中画”按钮，添加 7 段美食素材，调整其位置后并调整轨道时长，如图 8-23 所示。

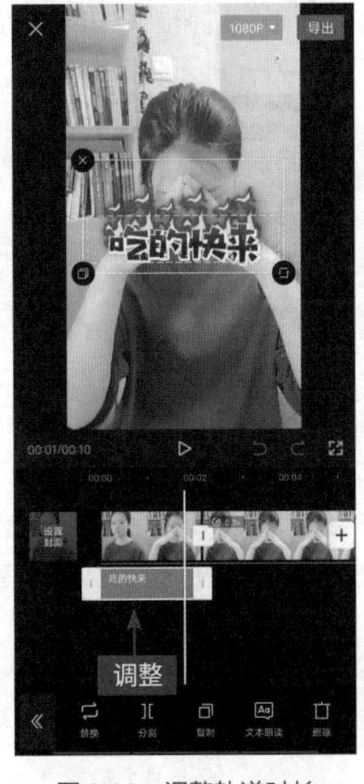

图 8-22　调整轨道时长

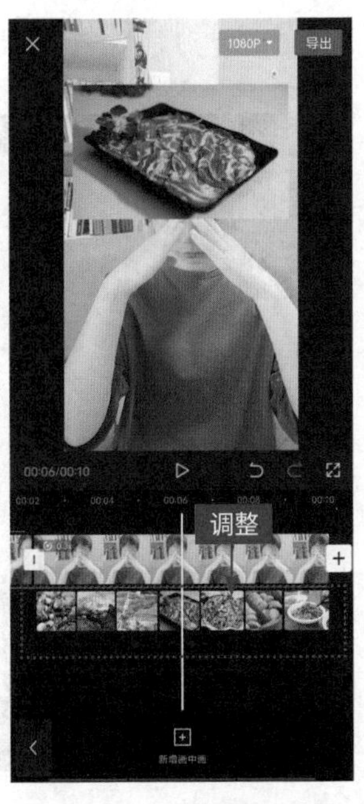

图 8-23　添加 7 段美食素材

步骤 5 选择第一段美食素材，在素材中间点击“分割”按钮，对分割的后半部分进行蒙版操作，❶点击“矩形”按钮；❷拖曳⩔按钮至最大；❸拖曳黄色边框线，调整位置，如图 8-24 所示，然后对剩下的 6 段美食素材进行同样的操作。

步骤 6 为 7 段美食素材分割的前半部分添加动画效果，并设置动画时长，如图 8-25 所示。

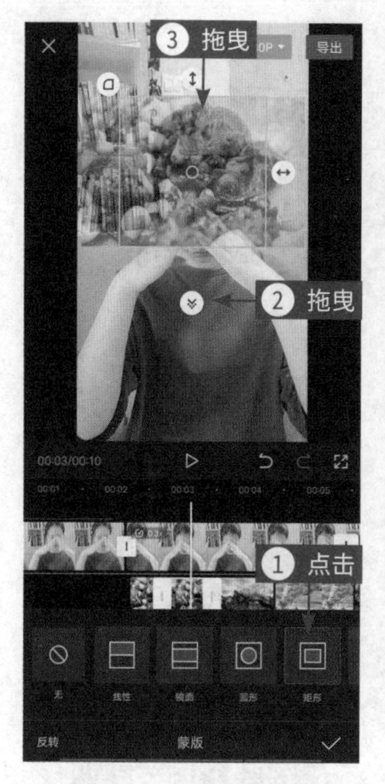

图 8-24 进行蒙版操作

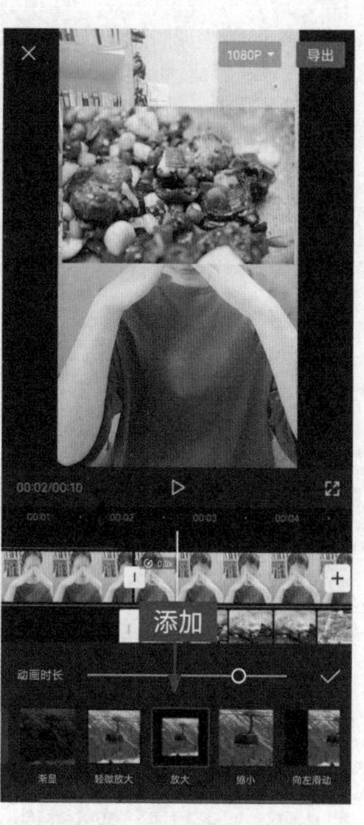

图 8-25 添加动画效果

步骤 7 点击右上角的“导出”按钮，导出并播放视频，效果如图 8-26 所示。

图 8-26 导出并播放视频

第 39 课 | 微信发圈

能动的朋友圈九宫格

扫码看案例效果

扫码看教学视频

【效果展示】 在剪映 App 中可以利用画中画功能合成素材，从而制作有趣的朋友圈九宫格视频，如图 8-27 所示。

图 8-27 微信发圈效果展示

下面介绍在剪映 App 中制作朋友圈九宫格视频的具体操作方法。

步骤 1 首先准备一张朋友圈九宫格黑色背景照片的截图素材，如图 8-28 所示。

步骤 2 在剪映 App 中导入一张人像照片素材，添加背景音乐后，根据歌词内容剪辑时长，并调整视频轨道的时长，最后在视频轨道 2s 左右的位置处进行分割处理，如图 8-29 所示。

图 8-28 准备一张九宫格照片素材

图 8-29 分割素材

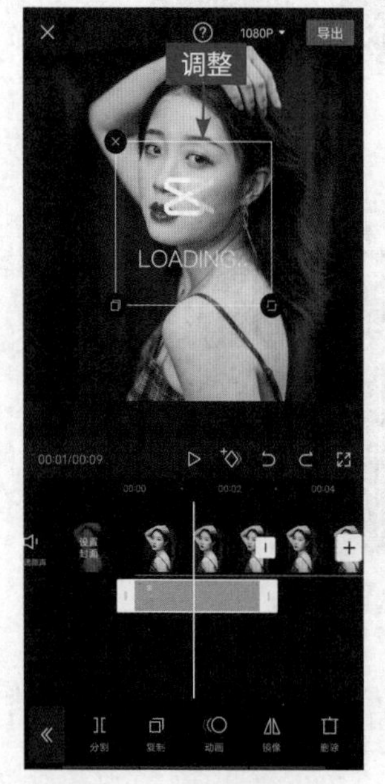

图 8-30 设置贴纸的轨道时长

图 8-31 添加特效并导出视频

步骤 3 添加相应的贴纸，调整其大小和位置，并设置其轨道时长与转场按钮 对齐，如图 8-30 所示。

步骤 4 添加“模糊”和“金粉”特效，并调整这两个特效轨道的时长，最后点击“导出”按钮导出视频，如图 8-31 所示。

图 8-32 调整素材的大小和位置

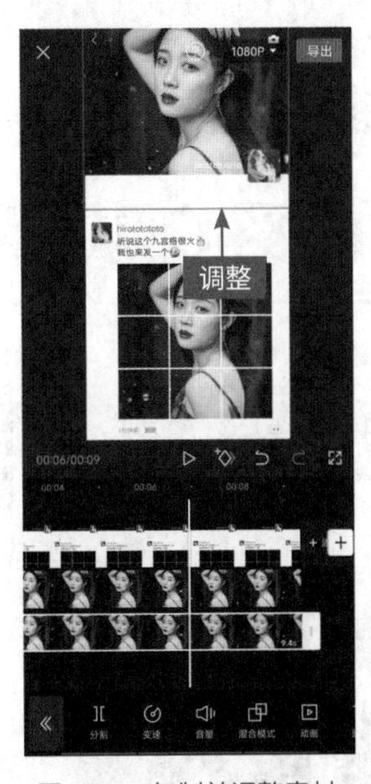

图 8-33 复制并调整素材

步骤 5 在剪映 App 中导入九宫格照片素材后，点击“画中画”按钮，导入上一步导出的视频素材，设置“滤色”混合模式，调整九宫格素材的轨道时长，并调整画中画轨道中素材的大小和位置，如图 8-32 所示。

步骤 6 点击“复制”按钮，复制画中画轨道中的素材，并调整该素材的大小和位置，如图 8-33 所示。

步骤 7 点击右上角的“导出”按钮，导出并播放视频，效果如图 8-34 所示。

图 8-34 导出并播放视频

第 40 课 | 浪漫表白

大家都喜欢的爱心蒙版

【效果展示】 利用爱心形状的蒙版可以制作爱心遮罩视频，让视频中的人物在爱心蒙版遮罩中露出全脸，从而让表白视频更有浪漫的氛围，如图 8-35 所示。

扫码看案例效果

扫码看教学视频

图 8-35 浪漫表白效果展示

下面介绍在剪映 App 中制作爱心蒙版遮罩视频的具体操作方法。

步骤 1 在剪映 App 中导入一段黑幕素材，并设置画面比例为 1 ：1，添加背景音乐后，手动踩点并设置 6 个小黄点，最后调整视频轨道和音乐轨道的时长，如图 8-36 所示。

步骤 2 点击“画中画”按钮，添加一张照片素材，调整其大小和轨道时长，再根据小黄点的位置把照片素材分割成 7 段，如图 8-37 所示。

图 8-36 调整轨道时长

图 8-37 分割素材

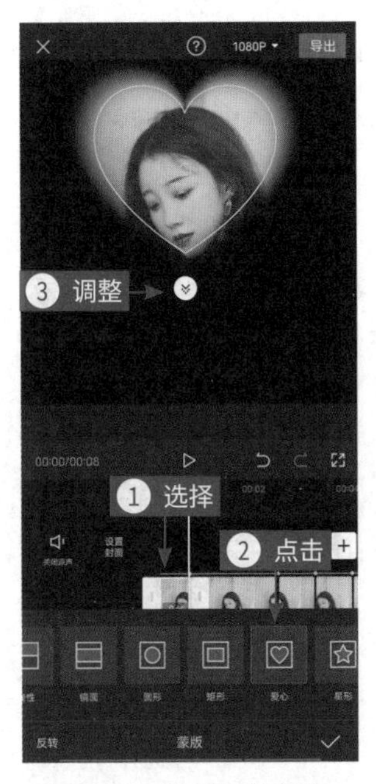

图 8-38 调整羽化程度

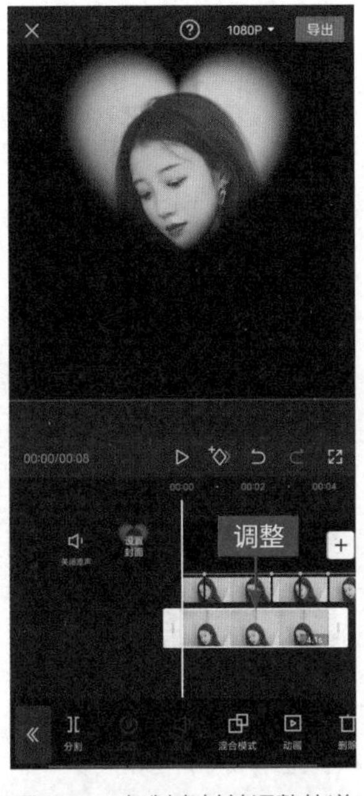

图 8-39 复制素材并调整轨道时长

步骤 3 ❶选择第一段素材；❷在蒙版界面中点击“爱心”按钮；❸调整蒙版位置后，拖曳✕按钮调整羽化程度，如图 8-38 所示。

步骤 4 复制该段进行过蒙版操作的素材，并调整其轨道时长，使其与第四个小黄点对齐，如图 8-39 所示。

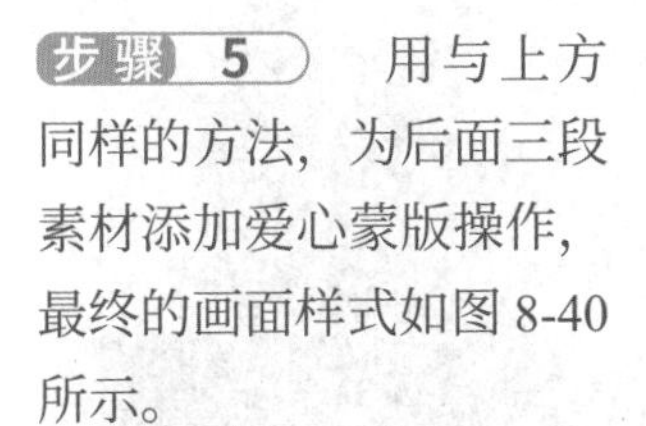

步骤 5 用与上方同样的方法，为后面三段素材添加爱心蒙版操作，最终的画面样式如图 8-40 所示。

步骤 6 为第五段素材添加爱心蒙版操作，如图 8-41 所示。

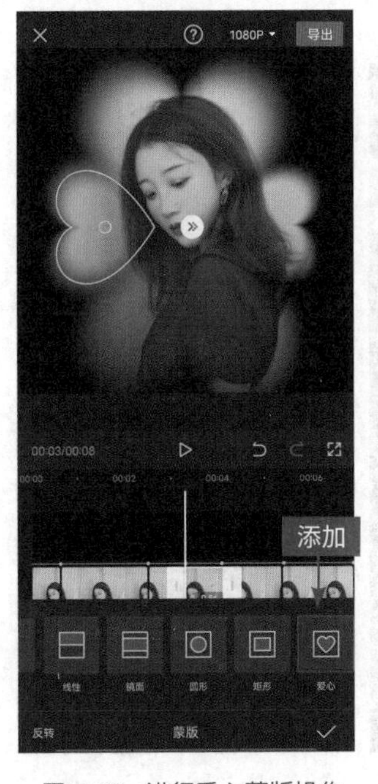

图 8-40 进行爱心蒙版操作

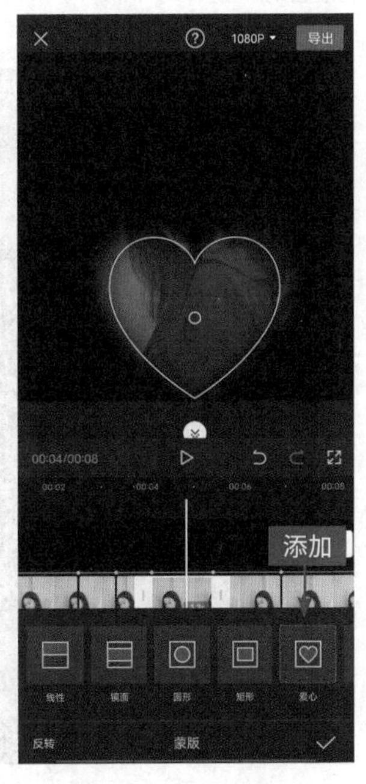

图 8-41 进行蒙版操作

步骤 7 为第六段素材添加爱心蒙版操作，然后导出视频，如图 8-42 所示。

步骤 8 导入上一步导出的视频，设置画面比例为 9 ：16，然后设置画布模糊背景样式，导出视频再导入，最后添加相应的特效，如图 8-43 所示。

图 8-42 进行蒙版操作并导出视频

图 8-43 添加特效

步骤 9 点击右上角的“导出”按钮，导出并播放视频，效果如图 8-44 所示。

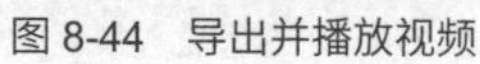

图 8-44 导出并播放视频

第 9 章

视频达人——热门爆款

本章要点

你是否还在为自己做不出热门的爆款短视频而烦恼？不用太担忧，只需要掌握本章的视频制作技巧，你的作品离火爆就不远了。本章主要介绍 5 种爆款短视频的制作方法，包括季节变换、瞬间大头、情绪短片、家乡风貌以及玄幻消失，掌握这些爆款短视频的制作技巧，让你的短视频也能轻松获得百万点赞。

第 41 课 | 季节变换

春天一秒变冬天

【效果展示】 在剪映 App 中可以利用画中画和蒙版功能，对素材进行季节变换，本例变换的效果主要是由春天变成冬天，如图 9-1 所示。

扫码看案例效果

扫码看教学视频

图 9-1 季节变换效果展示

下面介绍在剪映 App 中制作视频画面由春天变冬天的具体操作方法。

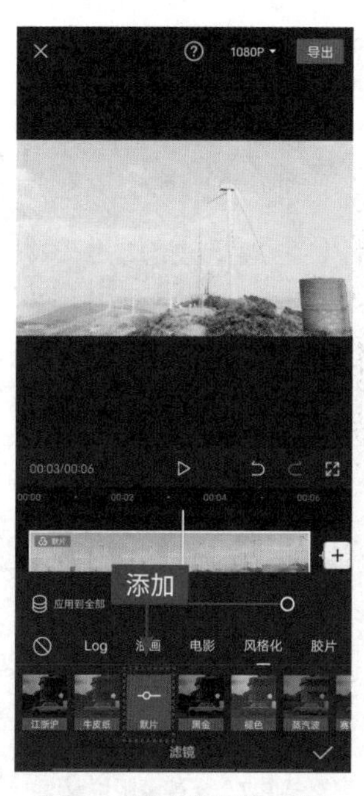

图 9-2　添加“默片”滤镜

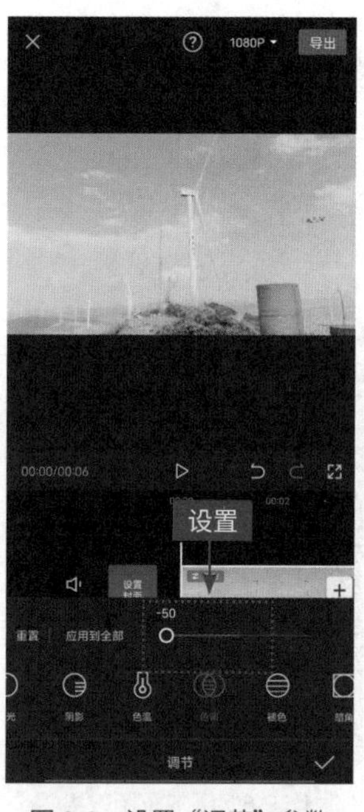

图 9-3　设置“调节”参数

步骤 1 　在剪映 App 中导入一段视频素材，并导入背景音乐，调整音乐轨道的时长，最后为视频素材添加“默片”滤镜效果，如图 9-2 所示。

步骤 2 　点击“调节”按钮，在“调节”界面中设置“光感”参数为 25、“亮度”参数为 -50、“色调”参数为 -50，部分参数如图 9-3 所示，使画面更有冬天的感觉。

步骤 3 　点击“特效”按钮，添加“大雪纷飞”自然特效，并调整特效轨道的持续时长，如图 9-4 所示。

步骤 4 　点击“画中画”按钮，添加同一段素材，调整其画面大小，并在视频起始位置点击◇按钮，添加关键帧，如图 9-5 所示。

图 9-4　添加特效

图 9-5　添加关键帧

步骤 5　点击“蒙版”按钮，❶在“蒙版”界面中点击“线性”按钮；❷顺时针旋转蒙版线至 90°；❸拖曳蒙版线至画面左边的相应位置，如图 9-6 所示。

步骤 6　❶拖曳时间轴至视频末尾处；❷拖曳蒙版线至画面右边的相应位置，如图 9-7 所示。

图 9-6　添加蒙版效果

图 9-7　调整蒙版位置

步骤 7　点击右上角的“导出”按钮，导出并播放视频，效果如图 9-8 所示。

图 9-8　导出并播放视频

第 42 课 | 瞬间大头

分身头变大，逗你笑

【效果展示】 分身大头效果在搞笑视频里非常常见，在剪映 App 中利用蒙版功能可以制作大头特效，让视频内容更加有趣，效果如图 9-9 所示。

扫码看案例效果

扫码看教学视频

图 9-9 瞬间大头效果展示

下面介绍在剪映 App 中制作分身头变大的视频的具体操作方法。

步骤 1 在剪映 App 中导入两段拍好的场景素材，点击“画中画”按钮，选择第二段素材，再点击“切画中画”按钮，如图 9-10 所示。

步骤 2 调整第二个视频轨道素材的位置，使其对齐第一个视频轨道，最后调整第一个视频轨道素材的时长，如图 9-11 所示。

图 9-10 点击“切画中画”按钮

图 9-11 调整轨道时长

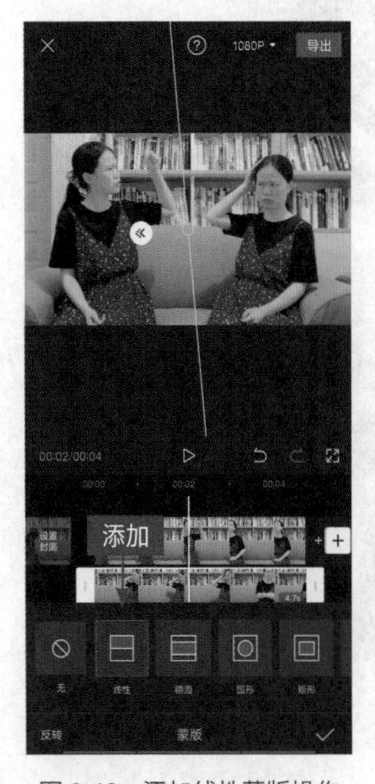

图 9-12 添加线性蒙版操作

图 9-13 分割素材

步骤 3 对第二个视频轨道的素材添加线性蒙版，如图 9-12 所示，让两段素材中的人物出现在同一个画面中。

步骤 4 在第二个视频轨道中，对需要做大头特效的素材进行分割处理，如图 9-13 所示。

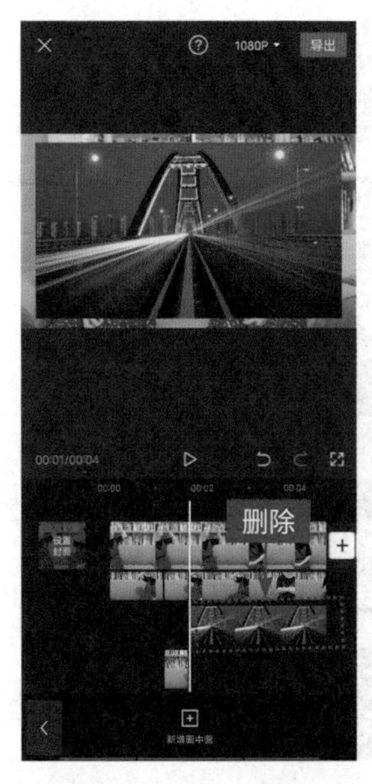

图 9-14　复制并调整素材

图 9-15　添加圆形蒙版操作

步骤 5 点击“新增画中画”按钮，随便添加一段素材，再复制第二个轨道中的大头素材，并使第四个轨道的素材对齐第二个轨道中的大头素材，如图 9-14 所示，最后删除第三个轨道中的素材。

步骤 6 为第四个轨道中的大头素材添加圆形蒙版，调整蒙版位置后的效果如图 9-15 所示。

步骤 7 执行蒙版操作后，即可放大画面，从而对素材进行大头特效处理。再用与上方同样的操作方法，对后面的一段素材添加大头特效处理，如图 9-16 所示。

图 9-16　添加大头特效处理

步骤 8 根据场景需要，添加合适的音效，并调整其轨道时长，如图9-17所示，让整个画面有声有色，使分身大头特效更加有趣。

图9-17 添加音效

步骤 9 点击右上角的“导出”按钮，导出并播放视频，效果如图9-18所示。

图9-18 导出并播放视频

第 43 课 | 情绪短片

你的夜景街头下雪了

【效果展示】 使用“飘雪”特效、“强劲的风声”音效等功能，可以做出下雪的场景，效果如图 9-19 所示，这是一段有冬日悲伤情绪的夜景街头视频。

扫码看案例效果

扫码看教学视频

图 9-19　情绪短片效果展示

下面介绍在剪映 App 中制作夜景街头下雪视频的具体操作方法。

步骤 1　在剪映 App 中导入一段拍好的场景素材，添加合适的背景音乐后，剪辑音乐轨道的时长，如图 9-20 所示。

步骤 2　添加“飘雪 II”和“飘雪”特效，设置特效轨道的时长，使其与视频轨道的时长相同，如图 9-21 所示。

图 9-20　添加背景音乐

图 9-21　添加两段特效

图 9-22　添加音效

图 9-23　设置音量值

步骤 3　点击“音效”按钮，添加“环境音”选项卡下的“强劲的风声”音效，如图 9-22 所示。

步骤 4　设置音效的音量值为 23，如图 9-23 所示。

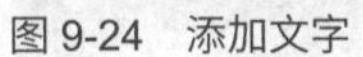

图 9-24 添加文字

图 9-25 添加“闭幕”特效

步骤 5 为视频添加一段合适的文字，并调整其大小、位置和轨道时长，如图 9-24 所示。

步骤 6 在视频末尾处添加“闭幕”特效，如图 9-25 所示。

步骤 7 点击右上角的“导出”按钮，导出并播放视频，效果如图 9-26 所示。

图 9-26 导出并播放视频

第 44 课 | 家乡风貌

农村老家中的情怀

【效果展示】 随手拍的农村老家视频也可以做出不一样的情怀和感受，利用各种转场、音乐以及文字效果，可以让视频充满怀旧的情绪，效果如图 9-27 所示。

扫码看案例效果

扫码看教学视频

图 9-27 家乡风貌效果展示

下面介绍在剪映 App 中制作农村老家情怀视频的具体操作方法。

步骤 1 在剪映 App 中导入 4 段拍好的家乡风貌视频素材，并添加背景音乐，根据对应的歌词内容，对第四段素材进行变速处理，再调整音乐轨道的时长，如图 9-28 所示。

步骤 2 在第一段和第二段素材之间，添加“叠化”转场效果，如图 9-29 所示，并为剩下的素材添加相应的转场，最后调整音乐轨道的时长。

图 9-28 导入并调整素材

图 9-29 添加转场效果

图 9-30　识别歌词文字

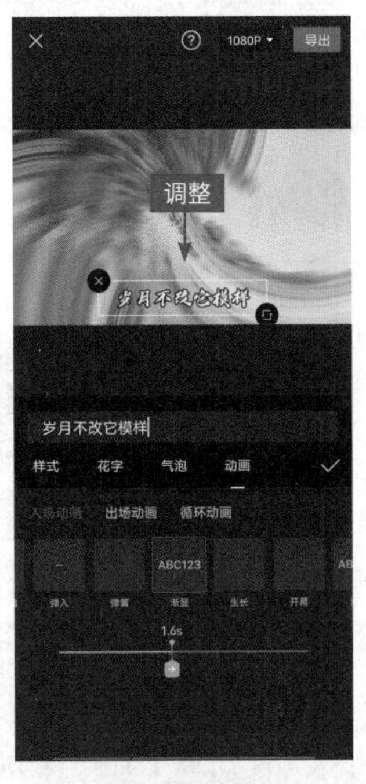

图 9-31　设置文字样式

步骤 3　在文字面板中点击“识别歌词”按钮，添加自动识别的歌词文字，如图 9-30 所示。

步骤 4　对歌词文字进行批量操作，设置自己喜欢的字体、颜色和动画效果，并调整其在画面中的大小和位置，如图 9-31 所示。

步骤 5　点击右上角的“导出”按钮，导出并播放视频，效果如图 9-32 所示。

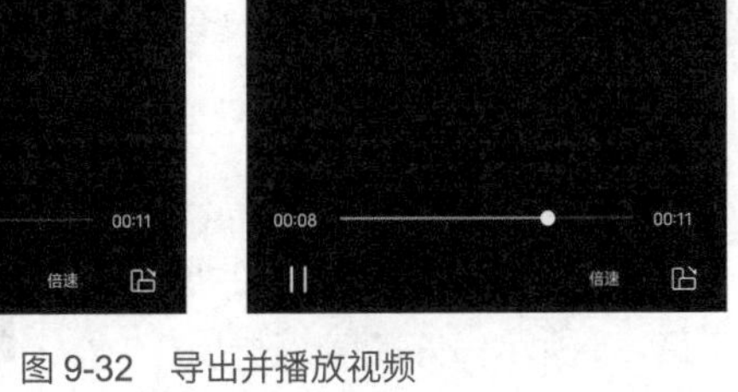

图 9-32　导出并播放视频

第 45 课 | 玄幻消失

神了！撞墙秒消失

【效果展示】 撞墙消失特效视频的关键在于拍好两段“撞墙”和“扔衣服”的视频，然后搭配合适的卡点音乐，就能做出玄幻消失的神奇画面，如图 9-33 所示。

扫码看案例效果

扫码看教学视频

图 9-33 玄幻消失效果展示

下面介绍在剪映 App 中制作撞墙消失视频的具体操作方法。

步骤 1 导入分别为固定机位拍摄的“撞墙”和“扔衣服”视频素材，如图 9-34 所示。

步骤 2 对第一段素材中的落地片段部分进行分割处理，如图 9-35 所示，并删除该片段。

图 9-34 导入素材

图 9-35 剪辑素材

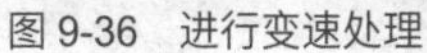
图 9-36　进行变速处理

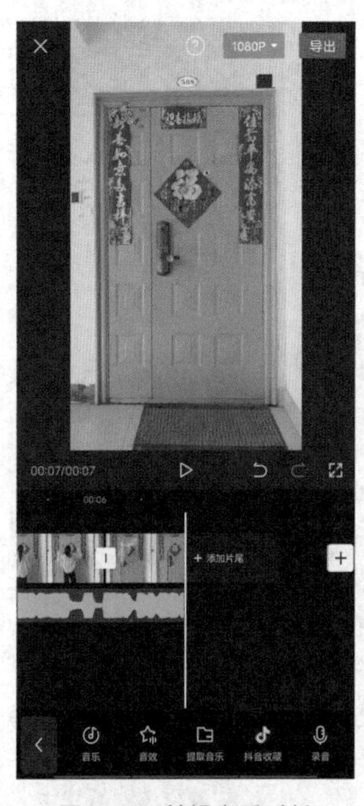

图 9-37　剪辑音乐时长

步骤 3　添加卡点音乐后，根据音乐节奏对第一段素材中的起身撞墙片段进行分割和变速处理，如图 9-36 所示。

步骤 4　对音乐轨道中的多余部分进行分割和删除处理，如图 9-37 所示。

步骤 5　点击右上角的“导出”按钮，导出并播放视频，效果如图 9-38 所示。

图 9-38　导出并播放视频

第 10 章 第 46 课

分身视频——《为悲伤的自己打伞》

本章要点

“为悲伤的自己打伞”分身视频是抖音用户都在分享的一款视频，学会了本章的视频制作方法后，你也可以在剪映 App 中制作属于自己的“打伞视频”，从而分享到抖音，获得更多人的关注。本章的制作要点是掌握矩形蒙版功能合成场景的操作方法。

【效果展示】 我们可以看到画面中的同一个人同时做着两个完全不同的动作——打伞走路和坐着，将这两段动作合成在同一个画面中，最终完成“自己给自己打伞”的效果，如图10-1所示。

图10-1　分身视频效果展示

下面介绍在剪映App中制作《为悲伤的自己打伞》视频的具体操作方法。

人物拍摄　准备“打伞”和“坐着”的视频

在制作《为悲伤的自己打伞》短视频时，需要拍摄两段在同一场景中“打伞”和“坐着”的视频。

步骤 1 拍摄第一段视频素材，用三脚架固定手机不动，拍摄人物从左边打伞走进画面的视频，后面一定要有假装为椅子上坐着的人撑伞的动作，如图10-2所示。

图10-2　拍摄第一段视频素材

步骤 2 拍摄第二段视频素材，保持手机位置固定不变，拍摄人物坐在椅子上淋雨而难过悲伤的视频，如图 10-3 所示。

图 10-3 拍摄第二段视频素材

合二为一 利用矩形蒙版功能合成场景

拍摄好视频后，便可以开始对视频进行剪辑，让两段视频中的人物出现在同一个画面中。下面介绍使用剪映 App 中的矩形蒙版功能合成场景的操作方法。

步骤 1 在剪映 App 中导入第一段视频素材，点击“画中画”按钮，如图 10-4 所示。

步骤 2 在弹出的面板中点击“新增画中画”按钮，导入第二段视频素材，如图 10-5 所示。

图 10-4 导入第一段素材

图 10-5 导入第二段素材

图 10-6　调整画面和轨道时长

图 10-7　点击“蒙版”按钮

步骤 3　❶在预览区域调整视频画面，使其铺满屏幕；❷调整该视频轨道时长，使其对齐第一个视频轨道的素材，如图 10-6 所示。

步骤 4　❶拖曳时间轴至视频的起始位置；❷点击“蒙版”按钮，如图 10-7 所示。

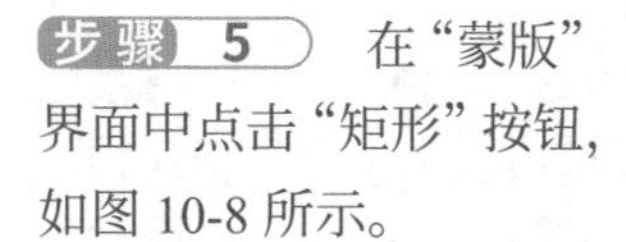

步骤 5　在“蒙版”界面中点击“矩形”按钮，如图 10-8 所示。

步骤 6　❶在预览区域调整蒙版的大小和位置，使椅子上的人物始终在选框内；❷拖曳«按钮，适当调节羽化值，如图 10-9 所示。

图 10-8　点击“矩形”按钮

图 10-9　调整蒙版

热门色调 为视频调出最适配的滤镜

接下来对视频进行调色，因为原视频偏暗、偏灰，所以可以选择一个偏亮色调的滤镜，然后调节画面参数。下面介绍使用剪映 App 对视频进行调色的操作方法。

步骤 1 ❶拖曳时间轴至视频的起始位置处；❷点击“滤镜”按钮，如图 10-10 所示。

步骤 2 进入“滤镜”界面，❶切换至“清新”选项卡；❷选择“鲜亮”滤镜，如图 10-11 所示。

图 10-10 点击“滤镜”按钮

图 10-11 选择“鲜亮”滤镜

图 10-12 点击相应按钮

图 10-13 调节“亮度”参数

步骤 3 点击《按钮返回，点击“新增调节”按钮，如图 10-12 所示。

步骤 4 进入“调节”界面，❶选择“亮度”选项；❷向左拖曳白色圆环滑块，将参数调节至 -15，如图 10-13 所示，降低画面亮度。

步骤 5　❶选择“对比度”选项；❷向右拖曳白色圆环滑块，将参数调节至15，如图10-14所示，稍微提高画面的对比度。

步骤 6　❶选择“饱和度”选项；❷向右拖曳白色圆环滑块，将参数调节至15，如图10-15所示，提高画面色彩饱和度。

图10-14　调节“对比度”参数

图10-15　调节“饱和度”参数

步骤 7　❶选择“光感”选项；❷向右拖曳白色圆环滑块，将参数调节至10，如图10-16所示，增强画面明度。

步骤 8　调整鲜亮滤镜轨道的时长和调节轨道的时长，使其视频轨道的时长相同，如图10-17所示。

图10-16　调节“光感”参数

图10-17　调整轨道时长

大雨瓢泼 为视频制作一场大雨

这段视频中下雨的效果不是特别明显，我们可以为视频加上下雨的特效，使画面内容更加应景。下面介绍使用剪映 App 添加“下雨”特效的操作方法。

步骤 1 ❶拖曳时间轴至视频起始位置处；❷点击“特效”按钮，如图 10-18 所示。

步骤 2 在弹出的面板中切换至“自然”选项卡，如图 10-19 所示。

图 10-18 点击“特效”按钮

图 10-19 切换至相应选项卡

图 10-20 选择“下雨”特效

图 10-21 调整特效轨道时长

步骤 3 在“自然”选项卡中选择“下雨”特效，如图 10-20 所示。

步骤 4 调整该“下雨”特效轨道的持续时长，使其和视频轨道时长相同，如图 10-21 所示。

情绪铺垫 选择合适的背景音乐

我们在添加背景音乐时，可以使用“我的收藏”中的热门歌曲，为视频添加合适的背景音乐。下面介绍使用剪映 App 添加背景音乐的操作方法。

步骤 1 拖曳时间轴至视频起始位置处，点击“音频”按钮，在弹出的面板中点击“音乐”按钮，如图 10-22 所示。

步骤 2 进入“添加音乐”界面，❶切换至“我的收藏”选项卡；❷对要添加的音乐点击“使用”按钮，如图 10-23 所示。

图 10-22 点击“音乐”按钮

图 10-23 点击“使用”按钮

图 10-24 点击“分割”按钮

图 10-25 导出视频

步骤 3 添加背景音乐后，❶拖曳时间轴至视频轨道的结束位置；❷点击“分割”按钮分割音频轨道，如图 10-24。

步骤 4 删除不需要的音乐片段后，点击“导出”按钮，导出该段视频，如图 10-25 所示。

调整画面 选择合适的比例和背景

选择合适的比例和背景样式，能让你的视频在各大短视频平台中有更多的播放量和分享量。下面介绍在剪映 App 中设置比例和背景样式的操作方法。

步骤 1 导入上一步导出的视频，点击“比例”按钮，如图 10-26 所示。

步骤 2 在弹出的面板中选择9：16选项，如图 10-27 所示。

图 10-26 点击“比例”按钮

图 10-27 选择 9 ：16 选项

图 10-28 点击相应按钮

图 10-29 选择第四个样式

步骤 3 点击《按钮返回，点击“背景”按钮，在弹出的面板中点击“画布模糊”按钮，如图 10-28 所示。

步骤 4 在“画布模糊”界面中，选择第四个样式，如图 10-29 所示。

完美开场　选择合适的开场特效

设置好画面的比例和背景后，可以为视频添加一个完美的开场特效。下面介绍使用剪映 App 添加特效的操作方法。

图 10-30　点击“特效”按钮

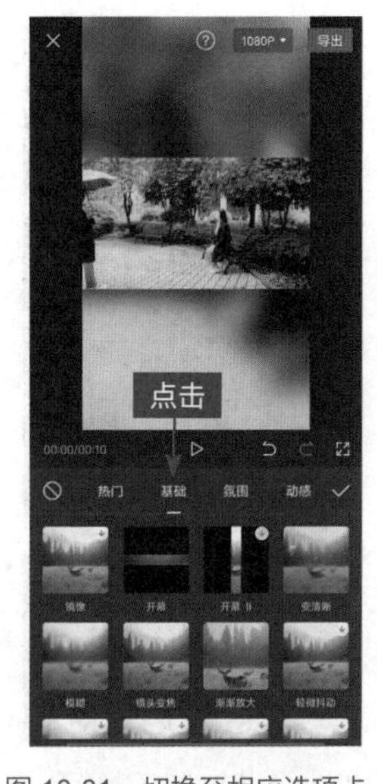

图 10-31　切换至相应选项卡

步骤 1　点击“特效”按钮，如图 10-30 所示。

步骤 2　在弹出的面板中切换至“基础”选项卡，如图 10-31 所示。

步骤 3　在“基础”选项卡中选择“开幕”特效，如图 10-32 所示。

步骤 4　根据视频的长度需要调整该特效轨道的持续时长，如图 10-33 所示。

图 10-32　选择“开幕”特效

图 10-33　调整轨道时长

电影字幕 制作电影台词般的字幕效果

最后，可以为视频加上合适的文字内容，展现出视频的主题和作者的心理感受。下面介绍使用剪映 App 添加文字的操作方法。

步骤 1 拖曳时间轴至视频起始位置处，点击“文字”按钮，在弹出的面板中点击“文字模板”按钮，如图 10-34 所示。

步骤 2 进入相应界面，在“字幕”选项卡中选择一款合适的文字模板，如图 10-35 所示。

图 10-34 点击“文字模板”按钮

图 10-35 选择文字模板

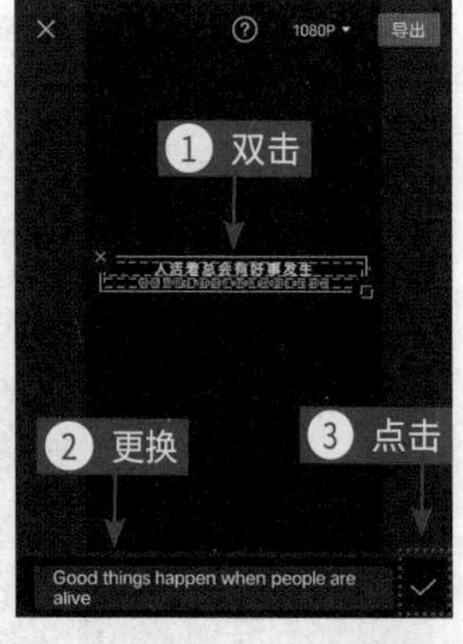

图 10-36 更换文字内容

图 10-37 调整文字轨道时长

步骤 3 ❶双击该文字模板，弹出文本输入框；❷更换相应的文字内容；❸点击✓按钮确认操作，如图 10-36 所示。

步骤 4 在预览区内调整文字的大小和位置，并根据视频需要，调整文字轨道的持续时长，如图 10-37 所示。

步骤 5　点击右上角的“导出”按钮，导出并播放视频，如图10-38所示。可以看到坐在椅子上的人物在雨中很难过，另外一个出场后为其打伞，画面很感人。

图10-38　导出并播放视频

第 11 章 第 47 课

情景视频——《一个人去电影院》

本章要点

在抖音很火的“一个人去电影院”视频，很容易获得点赞和分享，是热门视频中常见的一款。本章主要教读者如何拍出这样的短视频，以及如何对拍出来的视频进行后期处理，做出相应的效果，从而赢得更多人的喜欢。本章的操作要点是掌握剪映 App 中各种的转场和文字功能。

扫码看案例效果

扫码看教学视频

【效果展示】　《一个人去电影院》是一个比较具有孤独和悲伤情绪的情景视频，所以我们在拍摄时可以选择比较清冷的电影院，处理视频时选择偏蓝的色调和背景，并选择带点忧郁、纠结的背景音乐，整体效果如图 11-1 所示。

图 11-1　情景视频效果展示

下面介绍在剪映 App 中制作《一个人去电影院》视频的具体操作方法。

场景拍摄 准备 4 段在电影院的视频

在制作《一个人去电影院》短视频时，需要拍摄 4 段电影院的场景视频。

步骤 1 分别拍摄第一段取票的视频素材和第二段进入电影院走廊的视频素材，如图 11-2 所示。

图 11-2 拍摄视频素材

图 11-3 拍摄视频素材

步骤 2 拍摄第三段电影开映前的关于座位的视频素材，最后拍一段电影结束后的散场视频，如图 11-3 所示。

大片运镜 添加各种转场效果

导入拍摄好的视频后，便可以对素材进行加工处理，首先设置转场效果，让视频之间的过渡更加自然。下面介绍使用剪映 App 添加转场效果的操作方法。

步骤 1 在剪映 App 中按拍摄时间顺序分别导入 4 段视频素材，如图 11-4 所示。

步骤 2 拖曳时间轴至第一段视频和第二段视频之间的 按钮处，如图 11-5 所示。

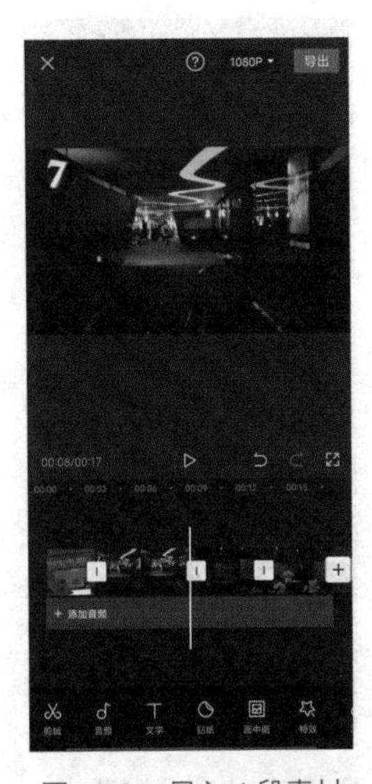

图 11-4 导入 4 段素材

图 11-5 移动时间轴

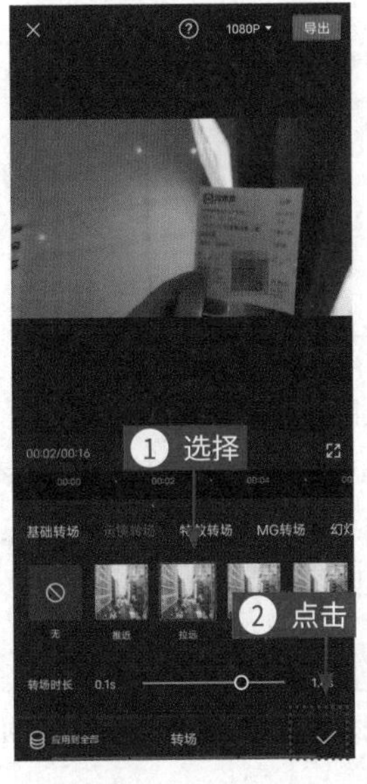

图 11-6 点击相应按钮

图 11-7 添加“叠化”转场

步骤 3 点击 按钮，进入“转场”界面，❶选择“运镜转场”选项卡中的“拉远”选项；❷点击 按钮确认操作，如图 11-6 所示。

步骤 4 用与上方同样的方法，为剩下的视频连接处添加“叠化”转场效果，如图 11-7 所示。

情绪铺垫 添加热门背景音乐

添加热门的背景音乐，可以让视频更加受欢迎。下面介绍使用剪映 App 搜索并添加背景音乐的操作方法。

步骤 1 ❶拖曳时间轴至视频起始位置处；❷点击“音频”按钮，如图 11-8 所示。

步骤 2 在弹出的面板中点击“音乐”按钮，如图 11-9 所示。

图 11-8 点击“音频”按钮

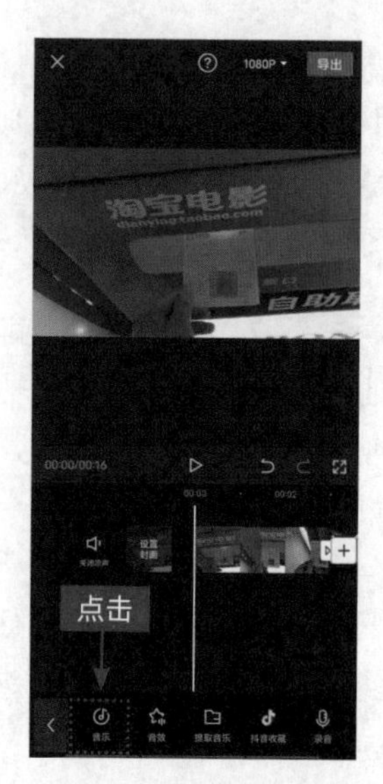

图 11-9 点击“音乐”按钮

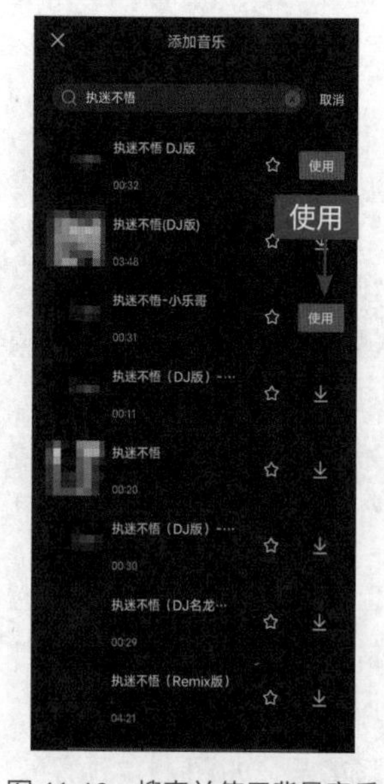

图 11-10 搜索并使用背景音乐

图 11-11 剪辑音乐

步骤 3 进入“添加音乐”界面，在搜索框中搜索歌曲，在结果栏中下载并使用该音乐，如图 11-10 所示。

步骤 4 对添加好的背景音乐进行剪辑处理，如图 11-11 所示。

忧郁色调 调出合适的色调效果

拍摄的原片色调一般都很单调，可以根据视频的主题添加合适的滤镜效果，并对视频进行简单的调色处理。下面介绍使用剪映 App 调出忧郁色调的操作方法。

图 11-12　点击“滤镜”按钮

图 11-13　选择 U2 滤镜

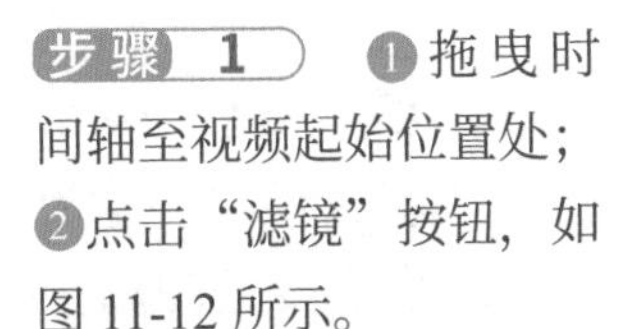

步骤 1 ❶拖曳时间轴至视频起始位置处；❷点击“滤镜”按钮，如图 11-12 所示。

步骤 2 进入“滤镜”界面，选择“精选”选项卡中的 U2 滤镜，如图 11-13 所示。

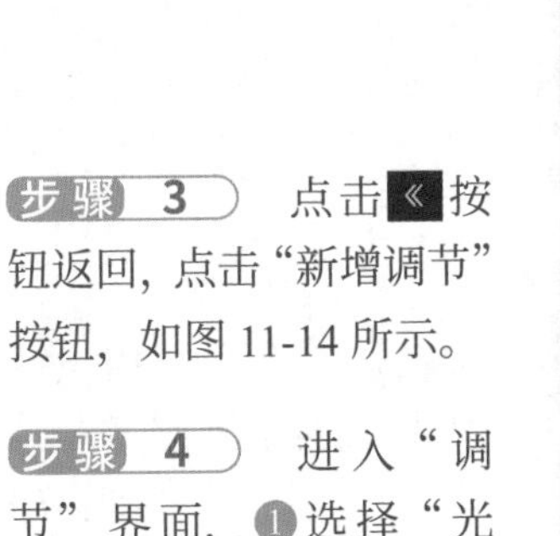

步骤 3 点击《按钮返回，点击“新增调节”按钮，如图 11-14 所示。

步骤 4 进入“调节”界面，❶选择“光感”选项；❷向左拖曳白色圆环滑块，将参数调节至 -15，如图 11-15 所示，降低画面的明度。

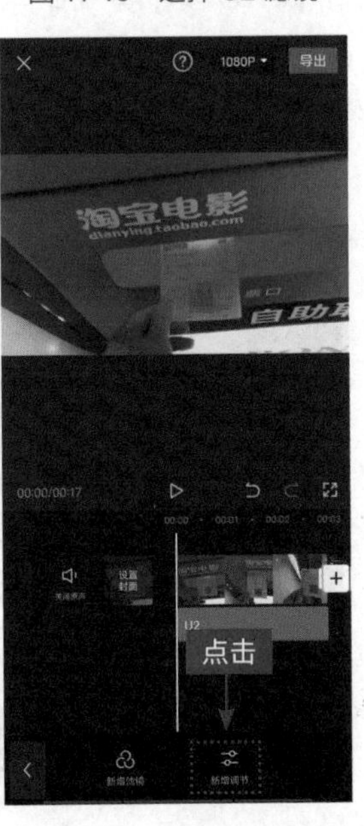

图 11-14　点击相应按钮

图 11-15　调节“光感”参数

步骤 5 ❶选择"色调"选项；❷向左拖曳白色圆环滑块，将参数调节至-15，如图 11-16 所示，增加画面的蓝调色彩。

步骤 6 调整滤镜轨道的时长和调节轨道的时长，将其设置为和视频轨道的时长相同，如图 11-17 所示。

图 11-16 调节"色调"参数

图 11-17 调整轨道时长

独特画面 选择比例和特色背景

调色完成后，可以为视频添加比较有特色的背景效果，比例为热门的 9 ： 16 样式。下面介绍使用剪映 App 设置比例和背景样式的操作方法。

图 11-18 点击"比例"按钮

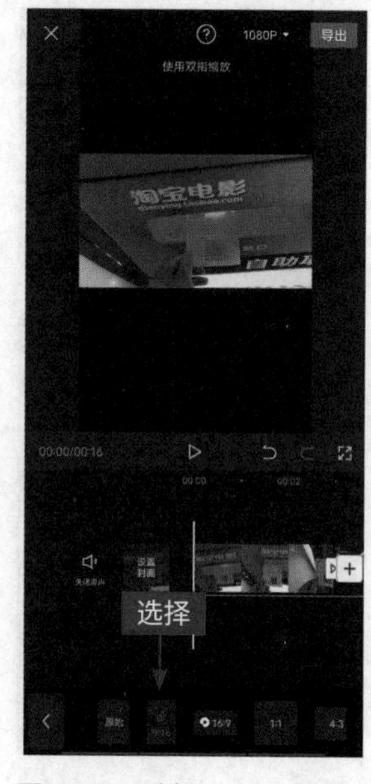

图 11-19 选择 9 ： 16 选项

步骤 1 ❶拖曳时间轴至视频起始位置处；❷点击"比例"按钮，如图 11-18 所示。

步骤 2 在弹出的面板中选择 9 ： 16 选项，如图 11-19 所示。

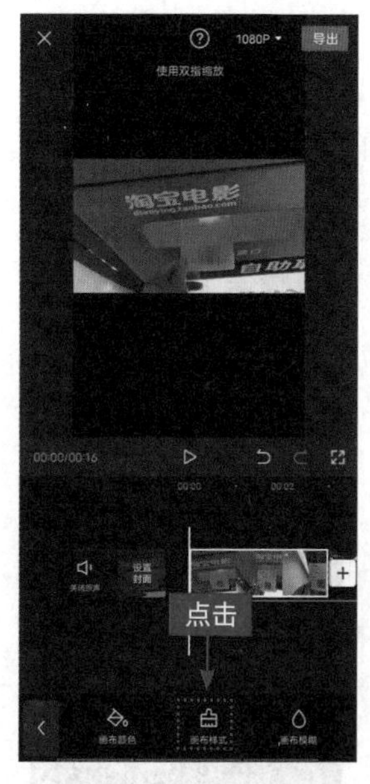

图 11-20　点击“画布样式”按钮

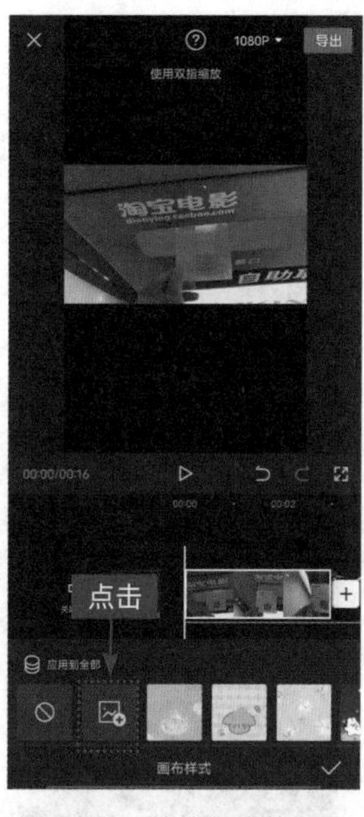

图 11-21　点击相应的按钮

步骤 3　点击«按钮返回，点击“背景”按钮，在弹出的面板中点击“画布样式”按钮，如图 11-20 所示。

步骤 4　进入“画布样式”界面，点击按钮，如图 11-21 所示。

步骤 5　进入“照片视频”界面，选择一张合适的照片，如图 11-22 所示。

步骤 6　在“画布样式”界面中，点击“应用到全部”按钮，从而把图片背景应用到全部片段中，如图 11-23 所示。

图 11-22　选择背景照片

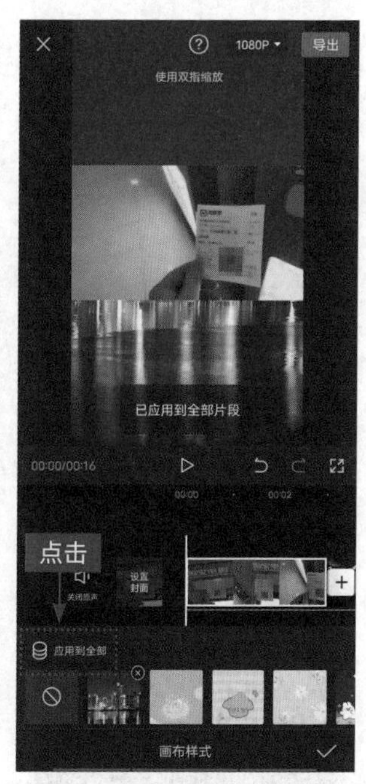

图 11-23　点击相应的按钮

图文交融 制作专属个性化文字

为了让画面不再单调，还可以根据歌词内容添加文字，让视频图文交融，更具有悲伤忧郁的情绪。下面介绍使用剪映 App 添加文字的操作方法。

步骤 1 点击“文字”按钮，如图 11-24 所示。

步骤 2 ❶在弹出的面板中点击“识别歌词”按钮；❷点击“开始识别”按钮，如图 11-25 所示。

图 11-24 点击“文字”按钮

图 11-25 点击相应按钮

图 11-26 对文字进行批量操作

图 11-27 设置动画时长

步骤 3 ❶选择识别出的第一段歌词文字；❷点击“批量编辑”按钮，如图 11-26 所示。

步骤 4 ❶调整该文字在画面中的大小和位置，并设置统一的字体样式；❷设置“波浪弹入”动画效果并设置动画时长为 1.5s，如图 11-27 所示。

图 11-28　设置动画效果

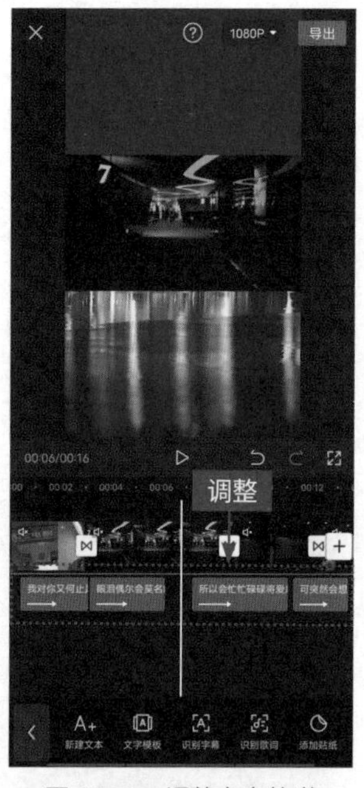

图 11-29　调整文字轨道

步骤 5　除了第一段文字之外，将后面的几段文字都设置为“模糊”动画效果，并调整动画时长为 1.5s，如图 11-28 所示。

步骤 6　根据场景切换的效果，微微调整每段文字在文字轨道中的位置，如图 11-29 所示。

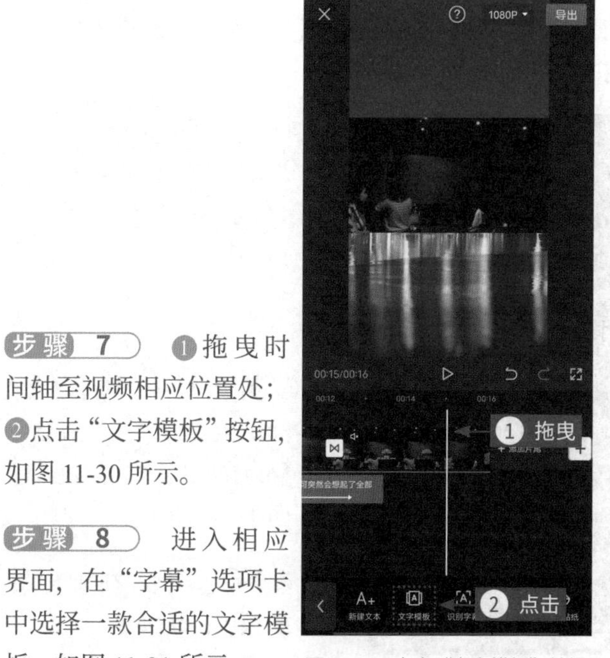

步骤 7　❶拖曳时间轴至视频相应位置处；❷点击“文字模板”按钮，如图 11-30 所示。

步骤 8　进入相应界面，在“字幕”选项卡中选择一款合适的文字模板，如图 11-31 所示。

图 11-30　点击“文字模板”按钮

图 11-31　选择文字模板

步骤 9 ❶双击该文字模板，弹出文本输入框；❷更换相应的文字内容；❸点击✓按钮确认操作，如图 11-32 所示。

步骤 10 调整该文字轨道的持续时长，如图 11-33 所示。

图 11-32 更换文字内容

图 11-33 调整文字轨道时长

完美落幕 添加最终的闭幕特效

在视频结束处，可以添加闭幕特效，让视频完美闭幕，从而也具有电影感。下面介绍使用剪映 App 添加闭幕特效的操作方法。

图 11-34 点击“特效”按钮

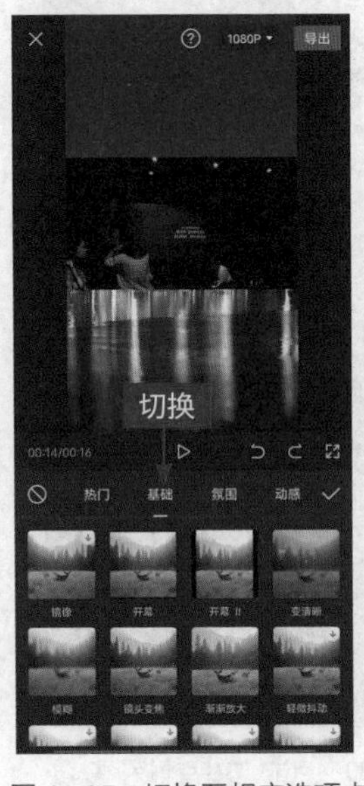

图 11-35 切换至相应选项卡

步骤 1 ❶拖曳时间轴至视频相应位置处；❷点击“特效”按钮，如图 11-34 所示。

步骤 2 在弹出的面板中，切换至“基础”选项卡，如图 11-35 所示。

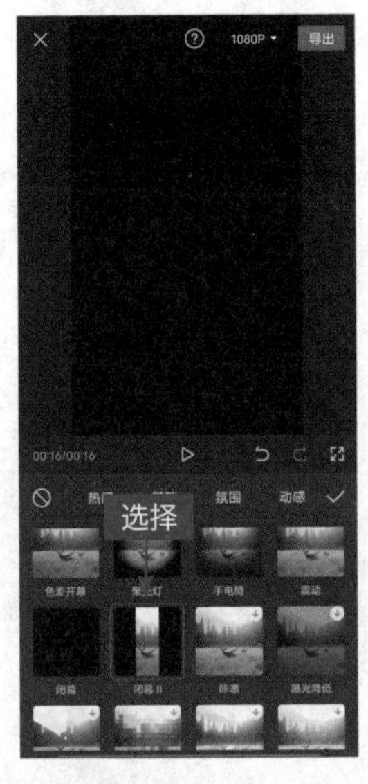

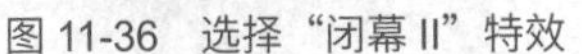
图 11-36 选择“闭幕 II”特效

图 11-37 调整轨道时长

步骤 3 在“基础”选项卡中选择“闭幕 II”特效，如图 11-36 所示。

步骤 4 根据画面需要，稍微调整该特效轨道的持续时长，如图 11-37 所示。

步骤 5 点击右上角的“导出”按钮，导出并播放视频，如图 11-38 所示。可以看到整个视频画面带一点偏蓝的色调，当背景音乐和文字一起搭配出现时，整个视频的悲伤、忧郁和孤单的氛围就出来了，结局如电影般地闭幕也让视频更具有戏剧感。

图 11-38 导出并播放视频

第 12 章 第 48 课

动感相册——《记录最美的你》

本章要点

在剪映 App 中，可以让相册中的照片动起来，让它们“动起来”的方法就是制作动感相册，让照片跟着音乐逐张播放，从而记录最美的你。本章的要点是掌握对剪映 App 中的转场、动画和特效功能的使用。

【效果展示】　《记录最美的你》是一个由一张张照片组合起来的动感相册视频，首先我们可以选择自己最喜欢的几张人物照片进行制作，最好是统一风格的照片，然后在剪映App中添加各种效果，形成一个动感相册视频，如图12-1所示。

图12-1　动感相册效果展示

下面介绍在剪映App中制作《记录最美的你》动感相册视频的具体操作方法。

龙头凤尾 添加个性化片头片尾

制作动感相册视频时，可以加一些个性化片头和片尾，丰富视频的内容，也能让视频看起来更有层次感。下面介绍使用剪映 App 添加片头和片尾的操作方法。

步骤 1 在剪映 App 中导入 7 张照片素材，点击[+]按钮，如图 12-2 所示。

步骤 2 弹出相应界面，切换至“素材库”选项卡，在“片头”选项区中选择并添加最后一款片头效果样式，如图 12-3 所示。

图 12-2 点击相应按钮

图 12-3 添加片头

图 12-4 点击相应按钮

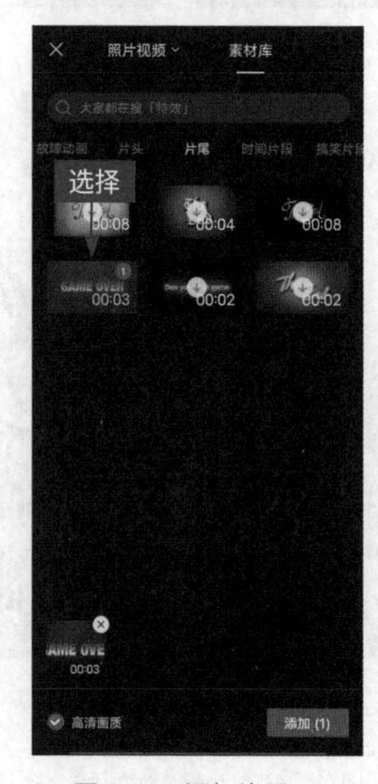

图 12-5 添加片尾

步骤 3 ❶拖曳时间轴至视频结束位置处；❷点击[+]按钮，如图 12-4 所示。

步骤 4 弹出相应界面，切换至“素材库”选项卡，在“片尾”选项区中选择并添加相应的效果样式，如图 12-5 所示。

动感切换 添加各种各样的转场

让素材动起来的第一步就是添加转场，转场不仅能让素材动起来，而且能让素材之间的切换变得流畅自然。下面介绍使用剪映App添加转场效果的操作方法。

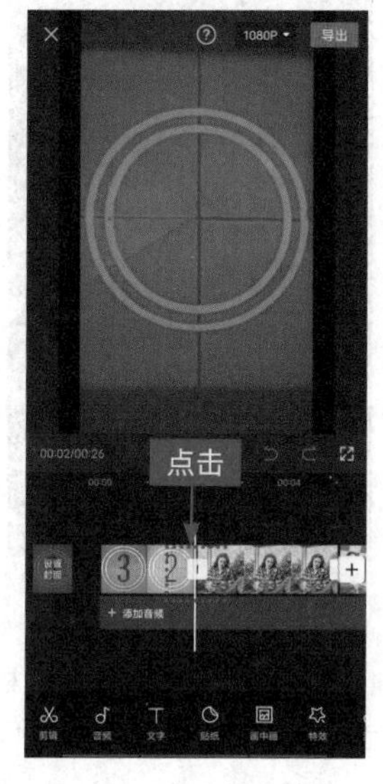

图12-6 点击相应按钮

图12-7 添加“叠化”转场

步骤 1 点击片头素材与第一段素材之间的 按钮，如图12-6所示。

步骤 2 ❶选择“基础转场”选项卡中的“叠化”选项；❷点击 按钮确认操作，如图12-7所示。

步骤 3 用与上方同样的方法，为第一段素材和第二段素材之间添加“色差顺时针”转场，如图12-8所示。

步骤 4 为第二段素材和第三段素材之间添加“翻页”转场，如图12-9所示。

图12-8 添加相应转场

图12-9 添加“翻页”转场

步骤 5 为第三段素材和第四段素材之间添加“圆形遮罩”转场，如图 12-10 所示。

步骤 6 为第四段素材和第五段素材之间添加“顺时针旋转”转场，如图 12-11 所示。

图 12-10 添加“圆形遮罩”转场

图 12-11 添加相应转场

步骤 7 为第五段素材和第六段素材之间添加“叠加”转场；为第六段素材和第七段素材之间添加“粒子”转场；为第七段素材和片尾素材之间添加“动漫闪电”转场，如图 12-12 所示。

图 12-12 添加转场

震撼人心 添加动感的背景音乐

动感相册视频自然少不了动感的背景音乐，我们可以给视频添加剪映 App 中“我的收藏”里的动感音乐。下面介绍使用剪映 App 添加背景音乐的操作方法。

图 12-13 点击“音频”按钮

图 12-14 点击“音乐”按钮

步骤 1 ❶拖曳时间轴至视频起始位置处；❷点击“音频”按钮，如图 12-13 所示。

步骤 2 在弹出的面板中点击“音乐”按钮，如图 12-14 所示。

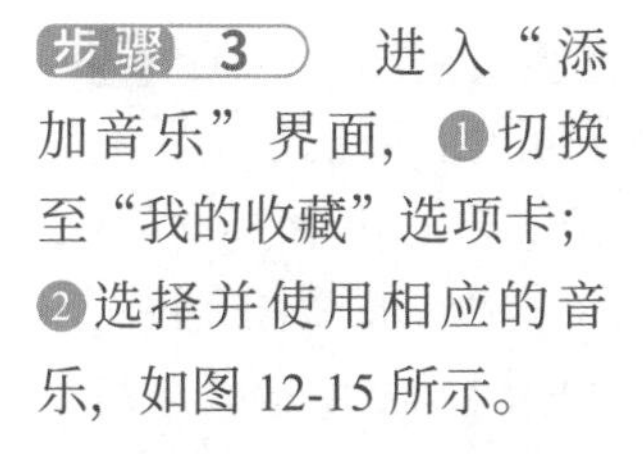

步骤 3 进入“添加音乐”界面，❶切换至“我的收藏”选项卡；❷选择并使用相应的音乐，如图 12-15 所示。

步骤 4 调整视频轨道的时长，使其对齐音乐轨道，如图 12-16 所示。

图 12-15 选择并使用音乐

图 12-16 调整视频轨道时长

统一画面 统一画面比例和背景

因为照片素材的大小不统一，因此需要为视频设置统一的比例和背景样式，统一视频的整体画面。下面介绍使用剪映 App 设置比例和背景的操作方法。

步骤 1 ❶拖曳时间轴至视频起始位置处；❷点击“比例”按钮，如图 12-17 所示。

步骤 2 在弹出的面板中选择9：16选项，如图 12-18 所示。

图 12-17 点击“比例”按钮

图 12-18 选择 9 ： 16 选项

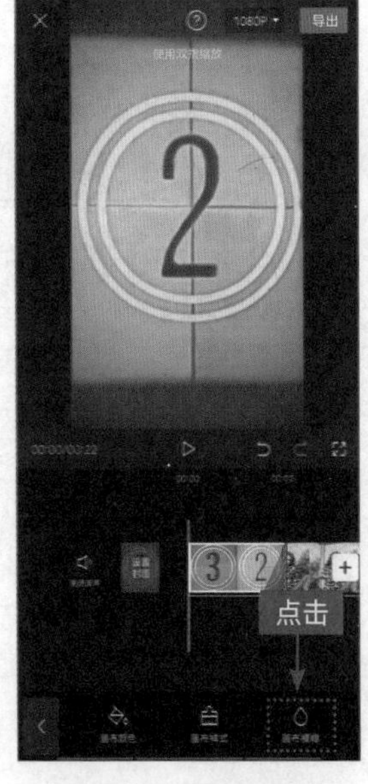

图 12-19 点击相应按钮

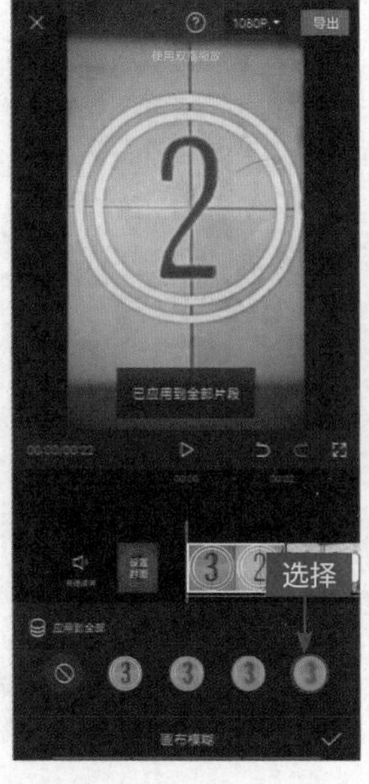

图 12-20 选择第四个样式

步骤 3 点击《按钮返回，点击“背景”按钮，在弹出的面板中点击“画布模糊”按钮，如图 12-19 所示。

步骤 4 在“画布模糊”界面中，选择第四个样式，如图 12-20 所示。

画面带劲　添加独一无二的特效

只添加转场效果还不够动感，此时可以再添加一些画面特效，让视频画面更加动感。下面介绍使用剪映 App 添加画面特效的操作方法。

图 12-21　点击“特效”按钮

图 12-22　选择相应的特效

步骤 1　❶拖曳时间轴至第一个转场按钮⋈的位置处；❷点击“特效”按钮，如图 12-21 所示。

步骤 2　弹出相应界面，选择“基础”选项卡中的“变清晰”特效，如图 12-22 所示。

步骤 3　用与上方同样的方法，为后面的 6 段素材添加自己喜欢的特效，并调整各自的特效轨道时长，如图 12-23 所示。

图 12-23　调整特效轨道时长

动上加动 添加丰富的动画效果

为视频素材添加入场动画，能让素材“动上加动”，更加动感。下面介绍使用剪映 App 添加动画效果的操作方法。

步骤 1 ❶选择第一段素材；❷点击“动画”按钮，如图 12-24 所示。

步骤 2 点击“入场动画”按钮，❶在弹出的相应面板中选择“轻微放大”动画；❷设置“动画时长”为 1.5s，如图 12-25 所示。

图 12-24 点击相应按钮

图 12-25 添加“轻微放大”动画

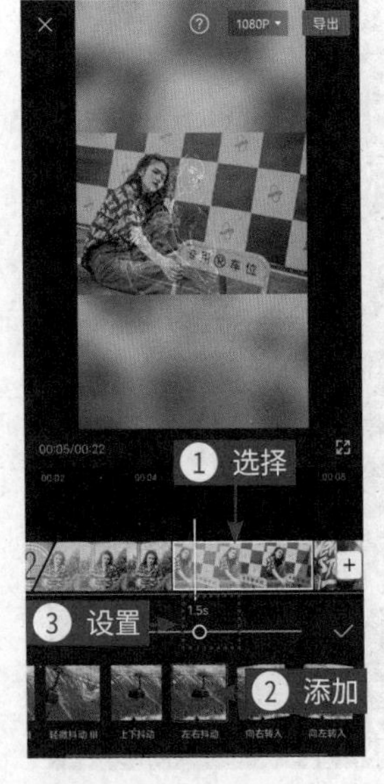

图 12-26 添加“左右抖动”动画

图 12-27 添加相应动画

步骤 3 ❶选择第二段素材；❷添加“左右抖动”动画；❸并设置“动画时长”为 1.5s，如图 12-26 所示。

步骤 4 ❶选择第三段素材；❷添加“左右抖动”动画；❸并设置“动画时长”为 1.5s，如图 12-27 所示。

图 12-28　添加“上下抖动”动画

图 12-29　添加相应动画

步骤 5　❶选择第四段素材；❷添加“上下抖动”动画；❸并设置“动画时长”为 1.5s，如图 12-28 所示。

步骤 6　❶选择第五段素材；❷添加“向上转入 II”动画；❸并设置“动画时长”为 1.5s，如图 12-29 所示。

步骤 7　❶选择第六段素材；❷添加“向上转入”动画；❸并设置“动画时长”为 1.5s，如图 12-30 所示。

步骤 8　❶选择第七段素材；❷添加“向右上甩入”动画；❸并设置“动画时长”为 1.5s，如图 12-31 所示。

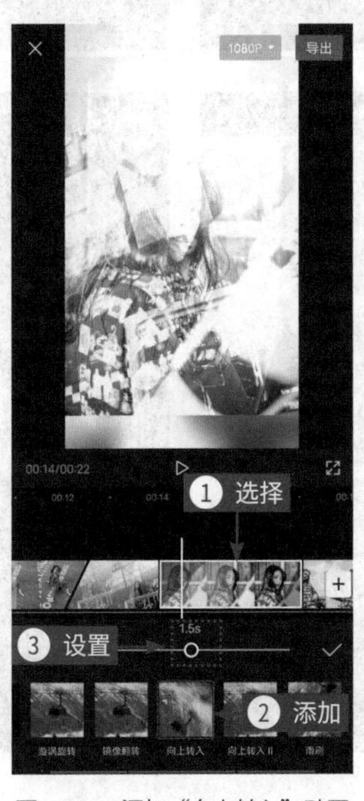

图 12-30　添加“向上转入”动画

图 12-31　添加相应动画

步骤 9 点击右上角的“导出”按钮，导出并播放视频，如图 12-32 所示。可以看到视频前后有个性的片头和片尾，转场十分流畅，每个素材的特效也非常炫酷，音乐更是有节奏，总之整个视频非常动感和大气，让人意犹未尽。

图 12-32 导出并播放视频

第 13 章 第 49 课

滑屏 Vlog——《我的健身总结》

本章要点

滑屏 Vlog 是一款比较有趣的短视频，虽然看起来很复杂，但只要掌握好技巧，就能轻松制作出来。它是将几个视频拼接在一个视频里，与拼图很相似，滑屏 Vlog 的形式也很适合用于做总结性之类的视频。本章的要点是掌握剪映 App 中画中画功能的使用技巧。

【效果展示】《我的健身总结》是由几个视频组合而成的滑屏 Vlog 短视频。视频的主题是健身，因此选择的都是健身视频。视频中“滑屏”的效果就好像用手指从上到下滑动手机屏幕一般地播放视频，非常有趣，如图 13-1 所示。

扫码看案例效果

扫码看教学视频

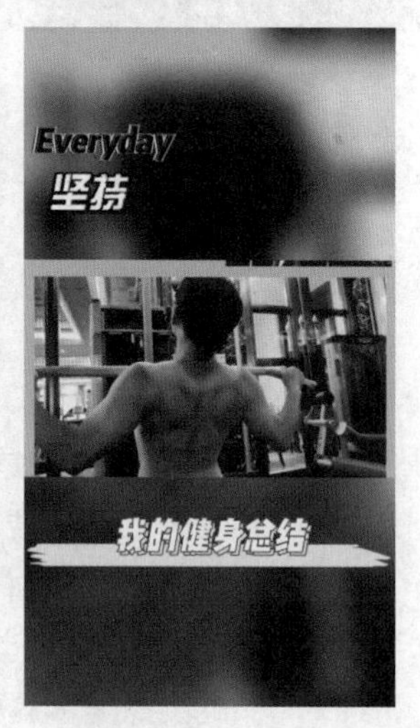

图 13-1 滑屏 Vlog 效果展示

下面介绍在剪映 App 中制作《我的健身总结》视频的具体操作方法。

准备工作 设置合适的比例和背景

准备好 4 段健身视频后，便可以加工处理了，首先设置比例和背景，这里选择浅蓝色背景比较合适。下面介绍使用剪映 App 设置比例和背景的操作方法。

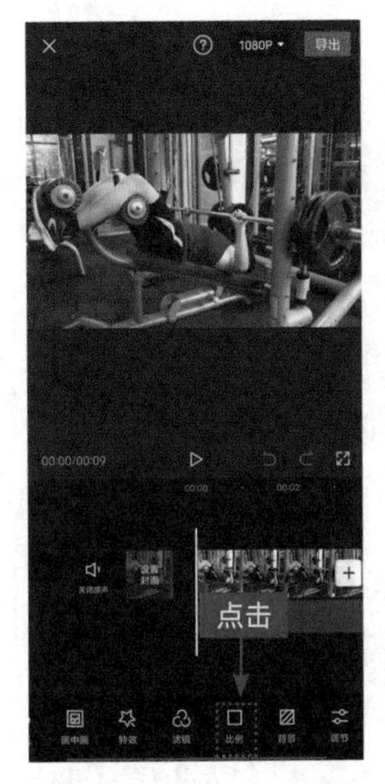

图 13-2 点击“比例”按钮

图 13-3 选择 9 ∶ 16 选项

步骤 1 导入一段健身视频，点击“比例”按钮，如图 13-2 所示。

步骤 2 在弹出的面板中选择 9 ∶ 16 选项，如图 13-3 所示。

步骤 3 点击按钮返回，点击“背景”按钮，在弹出的面板中点击“画布颜色”按钮，如图 13-4 所示。

步骤 4 在“画布颜色”界面中，选择浅蓝色背景样式，如图 13-5 所示。

图 13-4 点击相应按钮

图 13-5 选择浅蓝色背景

合四为一 利用画中画功能合成视频

利用画中画功能可以将这4个视频合成在同一画面中进行播放。下面介绍使用剪映App中的画中画功能合成视频的操作方法。

步骤 1 点击“画中画”按钮，如图13-6所示。

步骤 2 在弹出的面板中点击“新增画中画”按钮，如图13-7所示。

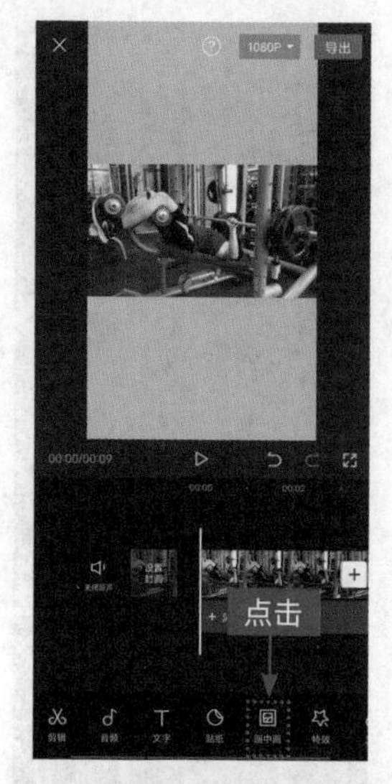

图13-6 点击“画中画”按钮

图13-7 点击相应按钮

图13-8 添加视频

图13-9 调整画面中的位置

步骤 3 ❶在“照片视频”界面中选择视频；❷点击“添加”按钮添加视频，如图13-8所示。

步骤 4 用与上方同样的方法，添加剩下的两段视频，然后设置4个视频轨道的时长相同，调整4段视频在预览区画面中的位置后导出视频，如图13-9所示。

热身工作　让视频有“滑屏”效果

接下来开始制作“滑屏”效果，这里是利用一前一后的关键帧放大和改变视频的位置，从而达到“滑屏”效果。下面介绍使用剪映 App 制作“滑屏”效果的方法。

图 13-10　点击“比例”按钮

图 13-11　选择 16 ：9 选项

步骤 1　导入上一步导出的视频，点击“比例”按钮，如图 13-10 所示。

步骤 2　在弹出的面板中选择16 ：9选项，如图 13-11 所示。

步骤 3　❶点击按钮添加关键帧；❷放大视频并在上方位置填充画面，如图 13-12 所示。

步骤 4　❶拖曳时间轴至视频结束位置处；❷滑动至视频的最下边位置部分；❸点击“导出”按钮导出视频，如图 13-13 所示。

图 13-12　放大视频

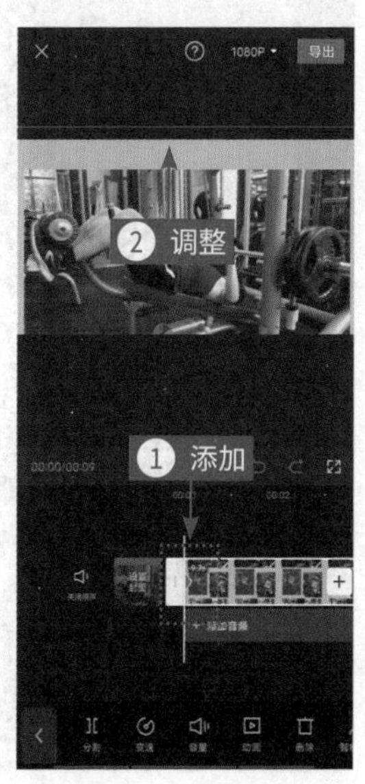

图 13-13　导出视频

收尾工作 为 Vlog 短视频增加特色

最后的收尾工作是为视频设置最终的比例和背景，添加背景音乐和合适的文字，从而突出主题，增加视频亮点。下面介绍使用剪映App增加视频特色的操作方法。

步骤 1 导入上一步导出的视频，点击“比例”按钮，如图13-14所示。

步骤 2 在弹出的面板中选择9：16选项，如图13-15所示。

图 13-14 点击“比例”按钮

图 13-15 选择 9 ：16 选项

图 13-16 点击相应按钮

图 13-17 选择第四个样式

步骤 3 点击《按钮返回，点击“背景”按钮，在弹出的面板中点击“画布模糊”按钮，如图13-16所示。

步骤 4 在“画布模糊”界面中，选择第四个样式，如图13-17所示。

图 13-18 点击“音频”按钮

图 13-19 点击“音乐”按钮

步骤 5 返回主界面，点击“音频”按钮，如图 13-18 所示。

步骤 6 在弹出的面板中点击“音乐”按钮，如图 13-19 所示。

步骤 7 进入“添加音乐”界面，❶切换至“我的收藏”选项卡；❷选择并使用该音乐，如图 13-20 所示。

步骤 8 调整音乐轨道的时长，使其对齐视频轨道，如图 13-21 所示。

图 13-20 选择并使用音乐

图 13-21 调整音乐轨道时长

步骤 9 ❶拖曳时间轴至视频起始位置处；❷点击“文字”按钮，如图 13-22 所示。

步骤 10 在弹出的面板中点击“文字模板”按钮，如图 13-23 所示。

图 13-22 点击“文字”按钮

图 13-23 点击相应按钮

图 13-24 选择文字模板

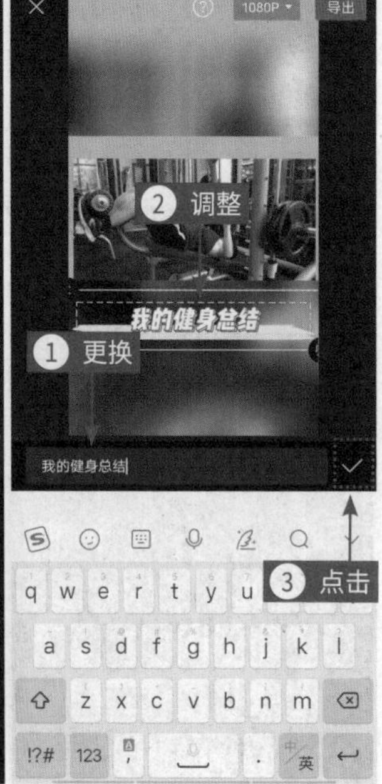

图 13-25 更换文字内容

步骤 11 进入相应界面，在“标题”选项卡中选择一款合适的文字模板，如图 13-24 所示。

步骤 12 ❶更换相应的文字内容；❷在预览区内调整文字的大小和位置；❸点击✓按钮确认操作，如图 13-25 所示。

图 13-26　添加第二段文字模板

图 13-27　调整轨道时长

步骤 13　用与上方同样的方法，添加第二段文字模板，如图 13-26 所示。

步骤 14　调整这两段文字轨道的持续时长，对齐视频轨道，如图 13-27 所示。

步骤 15　点击右上角的“导出”按钮，导出并播放视频，如图 13-28 所示。可以看到视频中画面的播放顺序是从上到下，即“滑屏”效果。也能看到视频中的主人公因为坚持健身练就了一身肌肉的变化，感受到视频中人物的坚持精神。

图 13-28　导出并播放视频

第14章 第50课

电影特效——《城市碟中谍》

本章要点

“城市碟中谍”这类视频在抖音中比较热门，城市航拍视频都很适合制作这类视频，视频的场面一般都比较宏大，还能为城市起到宣传的作用，虽然制作过程烦琐了一点，不过掌握基本技巧就能做出同样的效果。本章的要点是制作城市镜像视频，以及为视频添加画面特效。

【效果展示】　《城市碟中谍》视频是由几个城市航拍视频组合而成的，画面是随着卡点音乐显现出特效和文字等重点信息，很有机密感，效果如图 14-1 所示。

扫码看案例效果

扫码看教学视频

图 14-1　电影特效效果展示

下面介绍在剪映 App 中制作《城市碟中谍》视频的具体操作方法。

平行城市 制作水平镜像对称的城市

最终视频是由三段城市视频组成，下面是制作第三段视频的“平行城市”效果，让城市倒立对称。下面介绍使用剪映 App 制作水平镜像对称城市的操作方法。

步骤 1 在剪映 App 中导入第三段视频素材，点击“画中画”按钮，如图 14-2 所示。

步骤 2 在弹出的面板中点击“新增画中画”按钮，如图 14-3 所示，导入同一段视频素材。

图 14-2 点击“画中画”按钮

图 14-3 点击相应按钮

图 14-4 点击“编辑”按钮

图 14-5 双击“旋转”按钮

步骤 3 ❶调整其画面大小；❷点击“编辑”按钮，如图 14-4 所示。

步骤 4 在弹出的面板中双击“旋转”按钮，如图 14-5 所示。

步骤 5 点击“镜像”按钮，如图 14-6 所示。

步骤 6 在预览区调整两段素材的画面，都把河流段隐藏，且要隐藏得一样多，如图 14-7 所示。

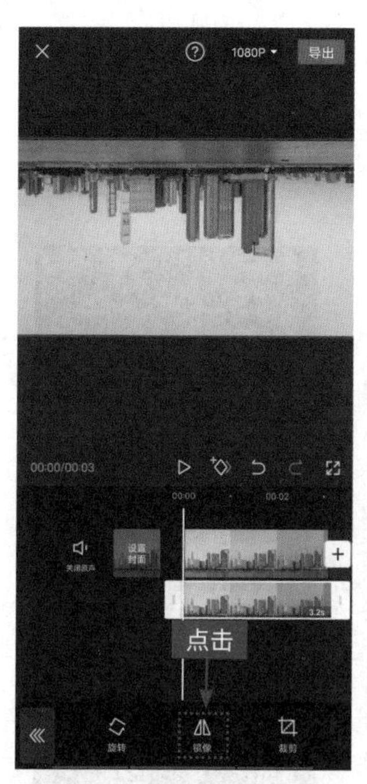

图 14-6 点击“镜像”按钮

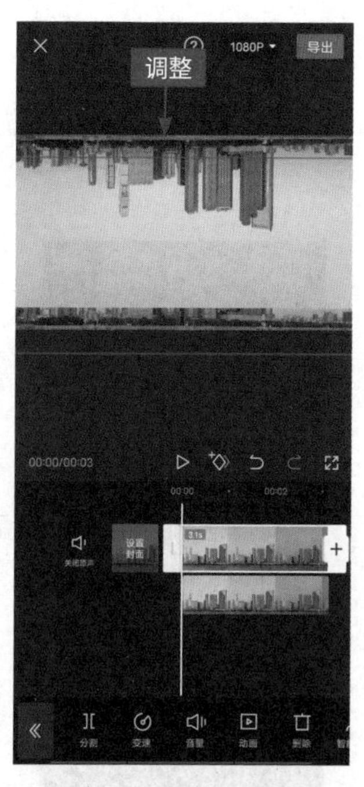

图 14-7 调整画面

步骤 7 ❶选择第二个视频轨道中的素材；❷点击“蒙版”按钮，如图 14-8 所示。

步骤 8 ❶在“蒙版”界面中点击“镜面”按钮；❷调整蒙版范围，使城市上下水平镜像对称；❸点击“导出”按钮，导出视频，如图 14-9 所示。

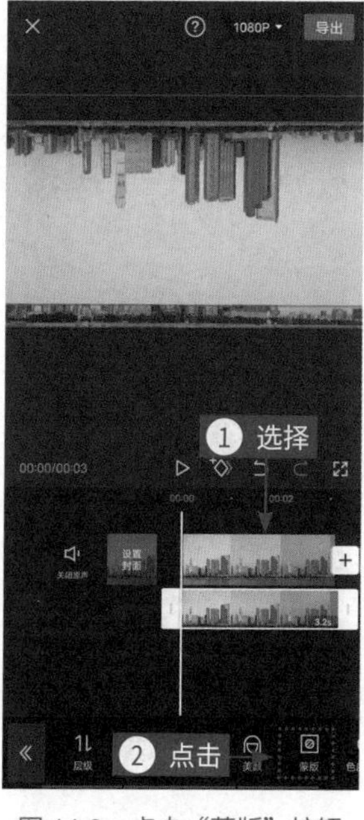

图 14-8 点击“蒙版”按钮

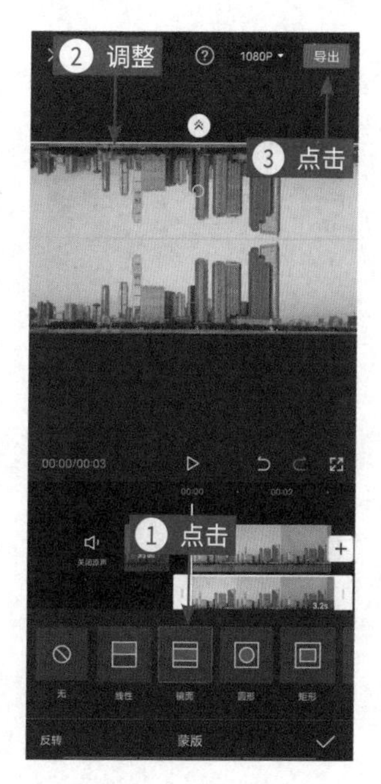

图 14-9 导出视频

大片转场 用大片方式切换素材

大片都少不了特效转场，添加合适的转场能增强视频的观赏性。下面介绍使用剪映 App 添加转场的操作方法。

步骤 1 在剪映 App 中导入三段视频素材，点击第一段视频与第二段视频之间的 | 按钮，如图 14-10 所示。

步骤 2 ❶在“转场”界面中选择“运镜转场”选项卡中的“色差顺时针”选项；❷点击✓按钮确认操作，如图 14-11 所示。

图 14-10 点击相应按钮

图 14-11 选择相应转场

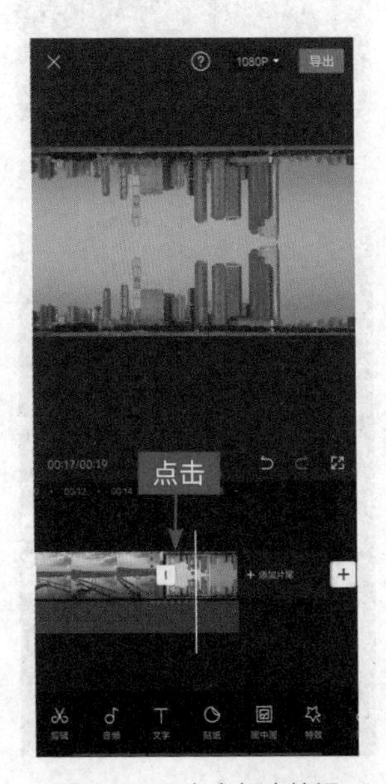

图 14-12 点击相应按钮

图 14-13 选择“粒子”转场

步骤 3 点击第二段视频与第三段视频之间的 | 按钮，如图 14-12 所示。

步骤 4 ❶在“转场”界面中选择“特效转场”选项卡中的“粒子”选项；❷点击✓按钮确认操作，如图 14-13 所示。

还原原声 添加电影原声卡点音乐

《城市碟中谍》有原声背景音乐，因此视频的卡点音乐也应该是配套的，从抖音收藏中可以添加这首背景音乐。下面介绍使用剪映App添加背景音乐的操作方法。

步骤 1 ❶拖曳时间轴至视频起始位置处；❷点击“音频”按钮，如图14-14所示。

步骤 2 在弹出的面板中点击“抖音收藏”按钮，如图14-15所示。

图14-14 点击“音频”按钮

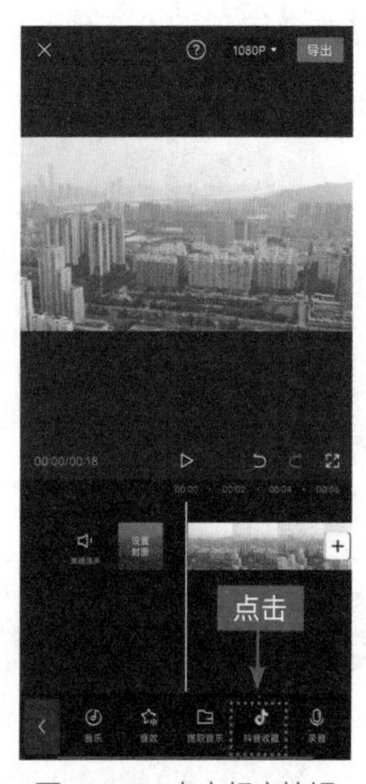

图14-15 点击相应按钮

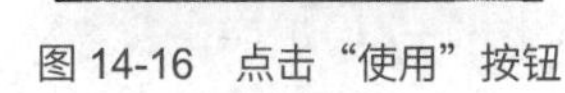

图14-16 点击“使用”按钮

图14-17 点击“变速”按钮

步骤 3 对要设置的音乐点击“使用”按钮，如图14-16所示。

步骤 4 根据音乐轨道的长度对视频进行变速剪辑处理，❶选择第一段视频；❷点击“变速”按钮，如图14-17所示。

步骤 5 在弹出的面板中点击“常规变速”按钮，如图 14-18 所示。

步骤 6 在“变速”界面中向右拖曳红色圆环至数值 1.2x，如图 14-19 所示。

图 14-18　点击相应按钮

图 14-19　设置变速

和谐色调　调出一件新的“衣服”

预览视频时会发现第一段素材的色调与后面的色调不和谐，这时要调一下色调，给这段素材调出一件新的“衣服”。下面介绍使用剪映 App 调色的操作方法。

图 14-20　点击“滤镜”按钮

图 14-21　选择 KU4 滤镜

步骤 1 点击“滤镜”按钮，如图 14-20 所示。

步骤 2 进入“滤镜”界面，选择“胶片”选项卡中的 KU4 滤镜，如图 14-21 所示。

步骤 3 点击《按钮返回，点击“新增调节”按钮，进入“调节”界面，❶选择“亮度”选项；❷向左拖曳白色圆环滑块，将参数调节至-15，如图14-22所示，降低画面的亮度。

步骤 4 ❶选择“饱和度”选项；❷向右拖曳白色圆环滑块，将参数调节至10，如图14-23所示，增强画面色彩饱和度。

图14-22 调节“亮度”参数

图14-23 调节“饱和度”参数

步骤 5 ❶选择“光感”选项；❷向右拖曳白色圆环滑块，将参数调节至15，如图14-24所示，增强画面明度。

步骤 6 调整滤镜轨道和调节轨道的时长，使其与第一段视频轨道的时长相同，如图14-25所示。

图14-24 调节“光感”参数

图14-25 调整轨道时长

信息标示 制作地点文字效果

电影自然少不了字幕，城市视频自然也少不了地点信息，为素材添加地点文字并加上效果是非常重要的。下面介绍使用剪映App制作地点文字效果的操作方法。

步骤 1 ❶拖曳时间轴至视频1s的位置处；❷点击“文字”按钮，如图14-26所示。

步骤 2 在弹出的面板中点击“新建文本”按钮，如图14-27所示。

图14-26 点击“文字”按钮

图14-27 点击相应按钮

图14-28 设置动画时长

图14-29 点击“画中画”按钮

步骤 3 ❶输入相应文字信息，并设置好字体；❷为文字添加“向右擦除”的出场动画，并设置动画时长为1.5s，如图14-28所示。

步骤 4 ❶拖曳时间轴至文字轨道中间位置处；❷点击“画中画”按钮，如图14-29所示。

步骤 5 在弹出的面板中点击“新增画中画”按钮，如图 14-30 所示。

步骤 6 导入一段烟雾消散的视频素材，如图 14-31 所示。

图 14-30　点击相应按钮

图 14-31　导入视频素材

图 14-32　调整轨道时长

图 14-33　选择“滤色”选项

步骤 7 ❶在预览区域调整导入素材的大小和位置，使其呈水平消散的效果；❷调整画中画轨道的时长，约为 2.1s，如图 14-32 所示。

步骤 8 点击“混合模式”按钮，在弹出的面板中选择“滤色”选项，如图 14-33 所示。

步骤 9 拖曳时间轴至第三段视频处，点击“文字”按钮，在弹出的面板中点击“文字模板”按钮，如图 14-34 所示。

步骤 10 进入相应界面，在“标记”选项卡中选择一款合适的文字模板，如图 14-35 所示。

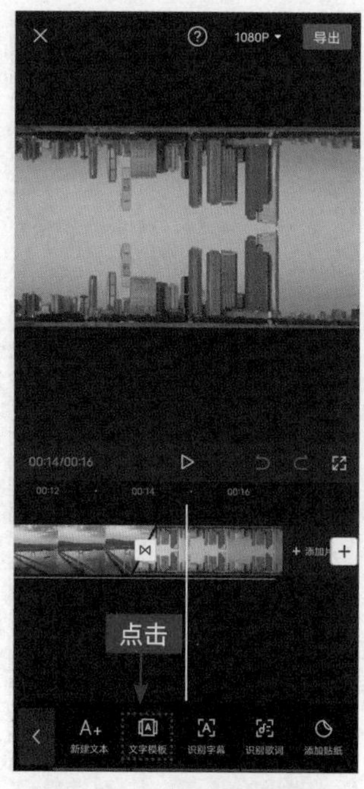

图 14-34 点击“文字模板”按钮

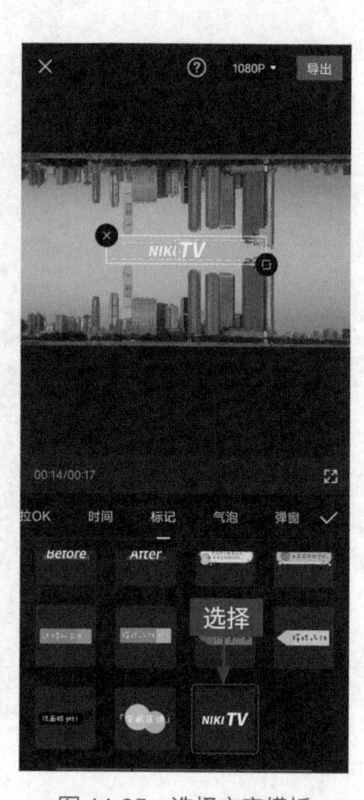

图 14-35 选择文字模板

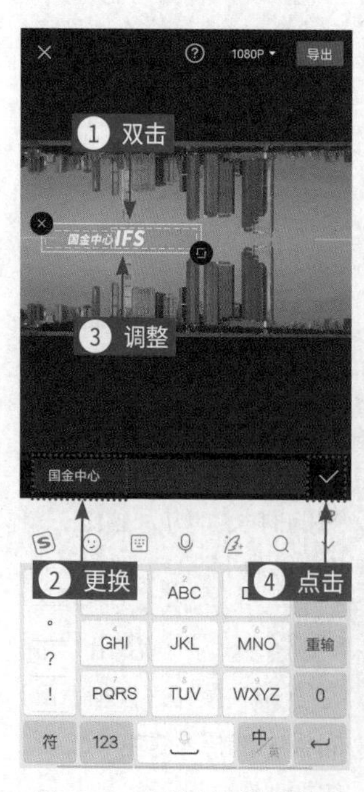

图 14-36 调整文字模板位置

图 14-37 调整文字轨道时长

步骤 11 ❶双击该文字模板，弹出文本输入框；❷更换相应的文字内容；❸调整文字模板在画面中的位置；❹点击✓按钮确认操作，如图 14-36 所示。

步骤 12 根据卡点音乐的需要，调整文字轨道时长，如图 14-37 所示。

锦上添花 特效、贴纸必不可少

电影也少不了特效，可以为视频添加特效和贴纸，这不仅能丰富视频的内容，也能增加视频的特色和记忆点。下面介绍使用剪映App添加特效和贴纸的操作方法。

步骤 1 ❶拖曳时间轴至视频起始位置处；❷点击“特效”按钮，如图14-38所示。

步骤 2 在弹出的面板中选择“自然”选项卡中的“浓雾”选项，如图14-39所示。

图14-38 点击“特效”按钮

图14-39 选择“浓雾”选项

图14-40 调整轨道时长

图14-41 添加“冲刺 III”特效

步骤 3 根据播放效果的需要，调整特效轨道的时长，如图14-40所示。

步骤 4 为第一段视频再添加“冲刺 III”特效，如图14-41所示。

步骤 5　根据卡点音乐的需要，调整该特效在轨道中的位置和时长，如图 14-42 所示。

步骤 6　❶拖曳时间轴至第二段视频的相应位置处；❷点击"贴纸"按钮，如图 14-43 所示。

图 14-42　调整特效时长

图 14-43　点击"贴纸"按钮

图 14-44　添加贴纸

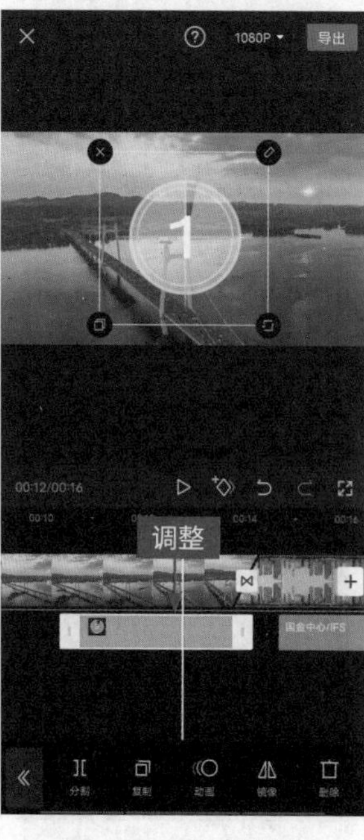

图 14-45　调整位置

步骤 7　❶切换至收藏选项卡；❷添加倒计时贴纸，如图 14-44 所示。

步骤 8　根据播放效果，调整贴纸在轨道中的位置，如图 14-45 所示。

步骤 9 点击右上角的“导出”按钮，导出并播放视频，如图 14-46 所示。可以看到视频在音乐卡点时逐渐显现文字和一些特效，非常具有机密感，在第三段水平镜像对称的视频出现时，还带有一些科技感，总之，整体上很有电影大片的效果。

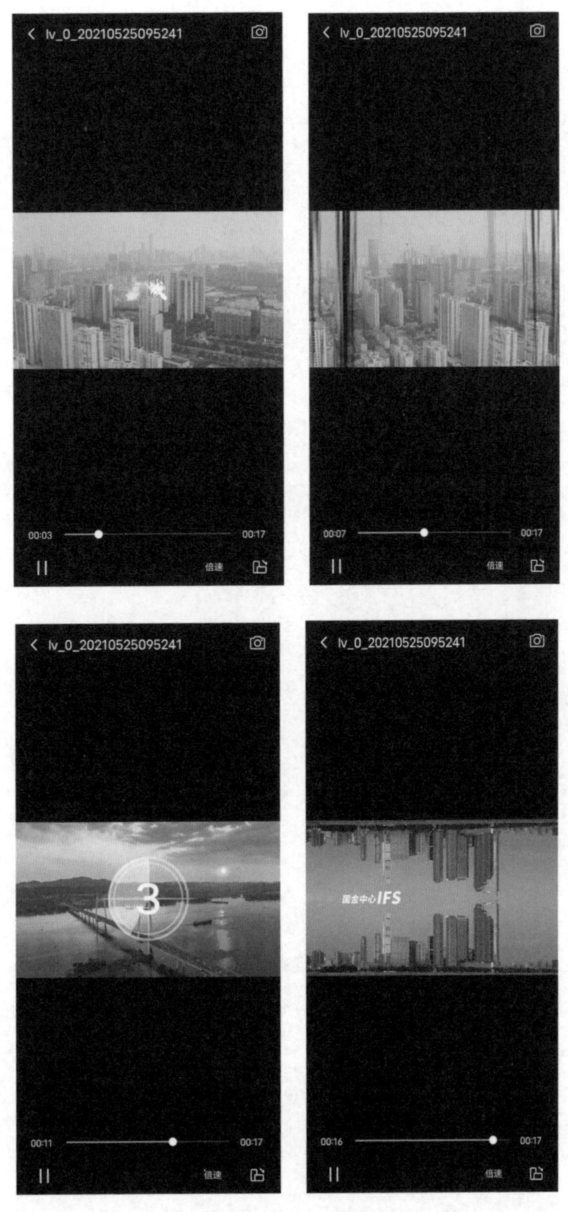

图 14-46 导出并播放视频